rapid biological inventories : 05

Bolivia: Pando, Madre de Dios

William S. Alverson, editor
Octubre/October 2003

Instituciones Participantes / Participating Institutions:

 The Field Museum

 Centro de Investigación y Preservación de la Amazonía, y la Universidad Amazónica de Pando

 Herbario Nacional de Bolivia

 Herencia

LOS INFORMES DE LOS INVENTARIOS BIOLÓGICOS RÁPIDOS SON
PUBLICADOS POR / RAPID BIOLOGICAL INVENTORIES REPORTS ARE
PUBLISHED BY

THE FIELD MUSEUM
Environmental and Conservation Programs
1400 South Lake Shore Drive
Chicago, Illinois 60605-2496 USA
T 312.665.7430, F 312.665.7433
www.fieldmuseum.org

Editor: William S. Alverson

Diseño/Design: Costello Communications, Chicago

Traducciones/Translations: Fernando Neri, Tyana Wachter

El Field Museum es una institución sin fines de lucro extenta de
impuestos federales bajo sección 501(c)(3) del Código Fiscal Interno./
The Field Museum is a non-profit organization exempt from federal
income tax under section 501(c)(3) of the Internal Revenue Code.

ISBN 0-914868-55-1

Esta publicación ha sido financiada en parte por la
Gordon and Betty Moore Foundation./This publication has been
funded in part by the Gordon and Betty Moore Foundation.

Cita sugerida/Suggested citation: Alverson, W.S. (ed.). 2003.
Bolivia: Pando, Madre de Dios. Rapid Biological Inventories
Report 05. Chicago: The Field Museum.

Fotografía de la carátula/Cover photograph: Oso oro/Silky anteater
(*Cyclopes didactylus*), por/by D.K. Moskovits.

Fotografía de la carátula interior/Inner-cover photograph:
Pampa abierta cerca de Blanca Flor/Open pampa near
Blanca Flor, por/by W.S. Alverson.

Créditos fotográficos/Photo credits: Figures 2B, 2C, 3B,
3D, 3E, 4F, R.B. Foster; Figures 3A, 3C, 4D, 4E, W.S. Alverson;
Figures 4A-C, D.F. Stotz; Figures 1, 2A, NASA.

 Impreso en papel reciclado/Printed on recycled paper

CONTENIDO/CONTENTS

INTEGRANTES DEL EQUIPO

EQUIPO DEL CAMPO

William S. Alverson (*plantas*)
Environmental and Conservation Programs
The Field Museum, Chicago, Illinois, USA

Daniel Ayaviri (*plantas*)
Centro de Investigación y
    Preservación de la Amazonía
Universidad Amazónica de Pando
Cobija, Pando, Bolivia

John Cadle (*anfibios y reptiles*)
Department of Herpetology
Chicago Zoological Society
Brookfield, Illinois, USA

Gonzalo Calderón (*mamíferos*)
Centro de Investigación y
    Preservación de la Amazonía
Universidad Amazónica de Pando
Cobija, Pando, Bolivia

Johnny Condori (*aves*)
Centro de Investigación y
    Preservación de la Amazonía
Universidad Amazónica de Pando
Cobija, Pando, Bolivia

Alvaro del Campo (*logística*)
Environmental and Conservation Programs
The Field Museum, Chicago, Illinois, USA

Robin B. Foster (*plantas*)
Environmental and Conservation Programs
The Field Museum, Chicago, Illinois, USA

Marcelo Guerrero (*anfibios y reptiles*)
Centro de Investigación y
    Preservación de la Amazonía
Universidad Amazónica de Pando
Cobija, Pando, Bolivia

Mónica Herbas (*caracterización social*)
Herencia
Cobija, Pando, Bolivia

Lois Jammes (*coordinador, piloto*)
Samaipata, Bolivia

Debra K. Moskovits (*coordinadora, aves*)
Environmental and Conservation Programs
The Field Museum, Chicago, Illinois, USA

Julio Rojas (*coordinador, plantas*)
Centro de Investigación y
    Preservación de la Amazonía
Universidad Amazónica de Pando
Cobija, Pando, Bolivia

Pedro M. Sarmiento O. (*logística de campo*)
Yaminagua Tours
Cobija, Pando, Bolivia

Brian O'Shea (*aves*)
Environmental and Conservation Programs
The Field Museum, Chicago, Illinois, USA

Antonio Sosa (*plantas*)
Herencia
Cobija, Pando, Bolivia

Sandra Suárez (*coordinadora, mamíferos*)
Department of Anthropology
New York University
New York, New York, USA

Janira Urrelo (*plantas*)
Herbario Nacional de Bolivia
La Paz, Bolivia

Tyana Wachter (*logística*)
Environmental and Conservation Programs
The Field Museum, Chicago, Illinois, USA

Alaka Wali (*caracterización social*)
Center for Cultural Understanding
   and Change
The Field Museum, Chicago, Illinois, USA

COLABORADORES

Dan Brinkmeier
Environmental and Conservation Programs
The Field Museum, Chicago, Illinois, USA

Juan Fernando Reyes
Herencia
Cobija, Pando, Bolivia

Douglas F. Stotz
Environmental and Conservation Programs
The Field Museum, Chicago, Illinois, USA

Gualberto Torrico Pardo
Centro de Investigación y
   Preservación de la Amazonía
Universidad Amazónica de Pando
Cobija, Pando, Bolivia

Comunidad Blanca Flor
Pando, Bolivia

Comunidad Naranjal
Pando, Bolivia

Comunidad Villa Cotoca
Pando, Bolivia

The Field Museum

El Field Museum es una institución de educación e investigación basadas en colecciones de historia natural, que se dedica a la diversidad natural y cultural. Combinando las diferentes especialidades de Antropología, Botánica, Geología, Zoología y Biología de Conservación, los científicos del museo investigan asuntos relacionados con la evolución, biología del medio ambiente, y antropología cultural. El Programa de Conservación y Medio Ambiente (ECP) es la rama del museo dedicada a convertir la ciencia en acción que crea y apoya una conservación duradera. Con la aceleración y pérdida de la diversidad biológica en todo el mundo, la misión del ECP es de dirigir los recursos del Museo—conocimientos científicos, colecciones mundiales, programas educativos innovadores—a las necesidades inmediatas de conservación a nivel local, regional, e internacional.

The Field Museum
1400 S. Lake Shore Drive
Chicago, Illinois 60605-2496 U.S.A.
312.922.9410 tel
www.fieldmuseum.org

Universidad Amazónica de Pando – Centro de Investigación y Preservación de la Amazonía

La Universidad Amazónica de Pando (UAP) comenzó sus actividades académicas en 1993 con dos de sus carreras: Biología y Enfermería. Posteriormente se implementó la carrera de Informática a nivel técnico superior; actualmente se están implementando las carreras de Agroforesteria, Derecho, Pedagogía, Construcción Civil, y Piscicultura – Acuacultura. La iniciativa de formar un centro de educación superior para los estudiantes del departamento de Pando surgió de la necesidad de que la administración de los recursos naturales del mismo debería estar en manos de gente capacitada para tal efecto; de ahí que se decidió que una de las carreras a las que se prestaría mayor atención en la UAP es la Carrera de Biología y al Centro de Investigación y Preservación de la Amazonía (CIPA). Desde el inicio de las actividades de CIPA, se pretendió mantener a la Universidad a la vanguardia de actividades de conservación y preservación tal como menciona el lema de UAP: "La preservación de la Amazonía es parte esencial de la subsistencia de la vida, del progreso y desarrollo de la bella tierra pandina." Es así que el CIPA es el centro que orienta en las políticas y estrategias para la conservación y preservación de los recursos naturales de esta región amazónica, además de coordinar y realizar las investigaciones básicas de fauna y flora.

Universidad Amazónica de Pando-CIPA
Av. Tcnl. Cornejo No. 77, Cobija, Pando, Bolivia
591.3.8422135 tel/fax
cipauap@hotmail.com

Herbario Nacional de Bolivia

El Herbario Nacional de Bolivia en La Paz es el
centro de investigación botánica con perspectivas
a nivel nacional que se dedica al estudio de la
composición florística y conservación de las especies
de flora en las diferentes formaciones de vegetación
de cada piso ecológico en Bolivia. El Herbario se ha
consolidado desde 1984 mediante el establecimiento de
una colección científica de referencia, bajo estándares
internacionales, así como de una biblioteca especializada
y la generación de publicaciones de la información
generada para aportar al conocimiento de nuestra
riqueza florística. Siendo producto de un convenio entre
la Universidad Mayor de San Andrés y la Academia
de Ciencias de Bolivia, el Herbario también contribuye
a la formación de profesionales biólogos especializados
en el área de botánica, así como en el desarrollo del
Jardín Botánico La Paz en Cota Cota.

Herbario Nacional de Bolivia
Calle 27, Cota Cota
Correo Central Cajón Postal 10077
La Paz, Bolivia
591.2.2792582 tel
lpb@acelerate.com

Herencia

Interdisciplinaria para el Desarrollo Sostenible es
una organización no gubernamental (ONG), que a
través de la investigación y la planificación participativa,
promueve el desarrollo sostenible en la amazonía
boliviana, prioritariamente en el Departamento
de Pando.

Herencia
Oficina Central
Calle Otto Felipe Braun No. 92
Casilla 230
Cobija, Bolivia
591.3.8422549 tel
pando@herencia.org.bo

AGRADECIMIENTOS

Les agradecemos profundamente a todas las personas que nos ayudaron a poder tener un tiempo muy productivo en la región de Madre de Dios en la parte central de Pando, y de compartir los resultados preliminares con las personas interesadas y con aquellos que toman las decisiones en Cobija y en La Paz. Estamos agradecidos a todos los que nos han dado y siguen dando de si mismos para poder aprovechar las oportunidades claves para la conservación en Bolivia.

Lois (Lucho) Jammes, Pedro M. Sarmiento, Sandra Suárez, y Tyana Wachter formaron el equipo lleno de energía que—con la valiosa ayuda de Jesús (Chu) Amuruz, Alvaro del Campo, Julio Carrasco, y muchos otros en el campo, Cobija y La Paz—lograron crear un orden de un caos y pusieron todos los detalles en su lugar. Emma Theresa Cabrera nos mantuvo bien alimentados y con suficiente cafeína bajo condiciones muy difíciles, y Antonio Sosa nos ayudó a que nuestro campamento funcionara muy bien. Los residentes de Blanca Flor, Naranjal, Santa María, y Villa Cotoca estuvieron muy involucrados en el diálogo sobre las metas y los resultados del proceso del inventario, y nos dieron muy buenas sugerencias sobre los sitios específicos y sobre la logística. En particular, el Alcalde de Blanca Flor nos dió muchos animos con nuestros esfuerzos y nos pidió que diéramos nuestros resultados en una reunión ante la comunidad. La Universidad Amazónica de Pando (Cobija) y el Secretario Nacional de Investigación, Ciencia, y Tecnología (La Paz) con mucha amabilidad nos ayudaron a conseguir el lugar para reunirnos para las presentaciones.

Gualberto Torrico P. tomó la responsabilidad del secado y la distribución de las muestras de plantas que fueron colectadas como especímenes voucher durante el inventario. Fernando Neri y Tyana Wachter hicieron un trabajo admirable con la traducción del manuscrito al español. También le damos las gracias a Jennifer Shopland, Tyana Wachter, Robert Langstroth, Julie Calgano (Smentek), y Isabel Halm por sus comentarios cuidadosos y de mucho valor con las primeras versiones del manuscrito. Como siempre, James Costello y Tracy Curran fueron extremadamente tolerantes de todos los plazos que no llegamos a cumplir para poder mantener la producción del informe como se había planeado.

El impacto de los inventarios biológicos depende muchísimo en cómo se aplican las recomendaciones para las acciones para la conservación y las posibilidades válidas para las actividades económicas compatibles con el medio ambiente. Por su dedicación, sugerencias, y discusiones llenas de perspectivas invaluables, les damos las gracias a Luis Pabón (Ministerio de Desarrollo Sostenible y Planificación, Servicio Nacional de Áreas Protegidas), Richard Rice (CABS, Conservation International), Jared Hardner (Hardner & Gullison Associates, LLC), Lorenzo de la Puente (DELAPUENTE Abogados), Mario Baudoin (Ministerio de Desarrollo Sostenible y Planifcación), Ronald Camargo (Universidad Amazónica de Pando—UAP), Adolfo Moreno (WWF Bolivia), José L. Telleria-Geiger (Secretario Nacional de Investigación, Ciencia, y Tecnología), Juan Carlos Montero (Asociación Boliviana para la Conservación), y Victor Hugo Inchausty (Conservación Internacional, Bolivia). Por su contínuo interés, y coordinación y colaborацíon con nuestros esfuerzos en Pando, sinceramente agradecemos a Sandra Suárez (Fundación José Manuel Pando), Julio Rojas (CIPA, UAP), Juan Fernando Reyes (Herencia), Ronald Calderon (Fundación José Manuel Pando), Leila Porter, y Adolfo Moreno y Henry Campero (WWF Bolivia).

John W. McCarter, Jr. continua siendo un recurso infalible de fuerza y dedicación para nuestros programas. El financiamiento para este inventario provino de la Gordon y Betty Moore Foundation y del Field Museum.

La meta de los inventarios rápidos —biológicos y sociales—
es catalizar acciones efectivas para la conservación en
regiones amenazadas, las cuales tienen una alta riqueza
y singularidad biológica.

Metodología

En los inventarios biológicos rápidos, el equipo
científico se concentra principalmente en los grupos
de organismos que sirven como buenos indicadores
del tipo y condición del hábitat, y que pueden ser
inventariados rápidamente y con precisión. Estos
inventarios no buscan producir una lista completa de
los organismos presentes. Más bien, usan un método
integrado y rápido (1) para identificar comunidades
biológicas importantes en el sitio o región de interés
y (2) para determinar si estas comunidades son de
calidad sobresaliente y de alta prioridad a nivel
regional o mundial.

En los inventarios rápidos de recursos y
fortalezas culturales y sociales, científicos y
comunidades trabajan juntos para identificar el patrón
de organización social y las oportunidades de colaboración y capacitación. Los equipos usan observaciones
de los participantes y entrevistas semi-estructuradas

para evaluar rápidamente las fortalezas de las
comunidades locales que servirán de punto de
inicio para programas extensos de conservación.

Los científicos locales son clave para el
equipo de campo. La experiencia de estos expertos es
particularmente crítica para entender las áreas donde
previamente ha habido poca o ninguna exploración
científica. A partir del inventario, la investigación y
protección de las comunidades naturales y el
compromiso de las organizaciones y las fortalezas
sociales ya existentes, dependen de las iniciativas de
los científicos y conservacionistas locales.

Una vez completado el inventario rápido
(por lo general en un mes), los equipos transmiten la
información recopilada a las autoridades locales e
internacionales, responsables de las decisiones, quienes
pueden fijar las prioridades y los lineamientos para las
acciones de conservación en el país anfitrión.

RESUMEN EJECUTIVO

Fechas del trabajo de campo	7 al 12 de julio 2002 (biológico), 25 al 27 de julio 2002 (social / cultural)
Región	El Área de Inmovilización de Madre de Dios en la parte sur-central de Pando, entre los ríos Madre de Dios y Beni (Figuras 1, 2A). Esta Área de Inmovilización (una denominación dada a sitios que requieren mayor estudio antes de su categorización del uso de la tierra) cubre una combinación de pampas abiertas, pampas arboladas, y bosques amazónicos occidentales altos en suelos bien drenados.
Sitios muestreados	Seis sitios, incluyendo (1) bosques amazónicos de tierras altas bien drenadas localizados inmediatamente al oeste del Área de Inmovilización (*Campamento de Cotoca*), (2) pampas abiertas (*Pampa Blanca Flor y Pampas Abiertas Naranjal Este*), y (3) antiguos complejos y variados hábitats de pampa con una combinación de pastizales, arbustos y vegetación arbórea baja (*Pampa Arbolada Naranjal Noroeste*, así como los sitios previamente mencionados). Ver Figura 2.
Organismos estudiados	Plantas vasculares, reptiles y anfibios, aves, y mamíferos grandes.
Resultados principales	El equipo del inventario identificó oportunidades importantes para la conservación de hábitats de pampa relativamente intactos, que son muy raros en Pando. Los hábitats adyacentes, de los bosques occidentales amazónicos talados hace aproximadamente 40 años, están estructuralmente intactos pero parecen haber sido víctimas de la caza intensa, la que ha modificado las comunidades de aves y mamíferos presentes.

A continuación se presenta una sinopsis de los resultados obtenidos por el equipo del inventario biológico rápido durante sus seis días en el campo:

Plantas: El equipo registró una riqueza de especies moderada de 523 plantas y se estimó alrededor de 800 para la región. La reproducción natural de castaña es sobresaliente y significativa, así como lo es la ocurrencia de pampas al extremo norte de Bolivia. Varias especies de plantas estuvieron en sus rangos límites o fueron nuevos registros para Pando.

Mamíferos Grandes: El equipo registró 23 especies de grandes mamíferos de un total estimado de 46 para la región. Las densidades de población parecían muy bajas para muchas especies de caza (p. ej., jochis, pacas, troperos, taitetús, antas, marimonos, y manechis). Tan sólo 5 de un total de 10 posibles especies de primates fueron registradas, y aún pequeños primates, que son normalmente comunes en otras regiones de Pando, eran escasos. En contraste, tigrecillos y gatos (*Leopardus*), roedores nocturnos, y marsupiales parecían ser más comunes. La presión ocasionada por la caza en la región es muy alta.

Aves: El equipo registró 241 especies en los sitios estudiados en Madre de Dios, de los cuales 210 eran del bosque que se encuentra alrededor y al sur de Cotoca, y 81 provenían de los hábitats de pampa e islas de bosque y márgenes asociados. La avifauna del bosque parecía estar incompleta para una región al suroeste de la Amazonía.

Anfibios y Reptiles: Nosotros registramos 38 especies (19 reptiles y 19 anfibios), de un total estimado de 140 a 160 especies para la región (80 de reptiles y entre 60 a 80 de anfibios). Todas las especies que registramos son comunes en el suroeste de la Amazonía y todos, a excepción de una lagartija, provinieron de hábitats de bosque.

Comunidades humanas	La inmigración moderna a la región empezó a inicios de 1930 cuando grandes fincas dedicadas a la recolección de goma y castaña (barracas) fueron establecidas. Con el colapso del auge de la goma (1950s–1980s), los trabajadores tomaron posesión de las tierras y solicitaron la formalización del estatus legal de los pueblos y aldeas. Trabajamos con tres comunidades en y alrededor del Área de Inmovilización Madre de Dios: Blanca Flor (con 450 habitantes), Naranjal (con 197), y Villa Cotoca (con 91). La densidad poblacional en la región es relativamente baja, pero está aumentando.

La economía regional sigue dependiendo principalmente de la cosecha de castaña. Otras actividades económicas incluyen la cría de ganado, la comercialización de arroz a pequeña escala, y la venta de animales silvestres para la elaboración de alimento o medicina. |
| **Amenazas principales** | La alta presión ejercida sobre las poblaciones de aves y mamíferos por la caza es la principal amenaza. Observamos a muchos cazadores exitosos en el bosque llevando a sus hogares primates, sajinos, aves (incluyendo un águila), y otras especies para el uso en el hogar o para ponerlas a la venta. El nivel actual de caza parece haber reducido drásticamente las poblaciones de animales y puede tener un efecto negativo pronunciado en el bienestar de los asentamientos humanos y la biodiversidad autóctona.

Los niveles actuales de extracción de madera y de ganadería extensiva pueden ser compatibles con el mantenimiento de una gran cantidad de especies nativas en la región si las comunidades locales desarrollan e implementan planes para el manejo de ganado, caza, e incendios forestales. La extracción generalizada de la cobertura vegetal en los bosques altos bien drenados (no-pampa) continua siendo una amenaza para la biodiversidad, pero ésta no ocurre en el presente. Incrementos en inmigración humana a la región y la falta de confianza en las agencias gubernamentales y no gubernamentales añaden niveles de dificultad a los actuales esfuerzos de conservación. |

**Principales
recomendaciones
para la protección
y el manejo**

(1) *Junto con los miembros de las comunidades de Blanca Flor, Naranjal, y Villa Cotoca, desarrollar un plan de manejo de recursos naturales para el área ahora incluida en el Área de Inmovilización Madre de Dios.* Este plan puede proveer una guía para un futuro en que los humanos tengan una relación saludable con el paisaje de la región central de Pando. El plan también puede servir como un marco para la toma de decisiones relacionadas al uso de la tierra, hábitats silvestres, y la población de animales y plantas en su entorno natural, y puede incluir la designación de una reserva natural municipal o regional.

(2) *Parar la actual sobrecosecha de aves y mamíferos.* Determinar la capacidad de carga para la cacería en esta área. Fijar límites conservativos para la caza basándose en estos resultados. Incluir a los residentes locales en el monitoreo de fauna para las respuestas a estos límites por los humanos. Identificar incentivos para la comunidad y los mecanismos de imposición necesarios para alcanzar los objetivos que permitan la protección de las especies de caza.

(3) *Mantener una diversidad de edades y tipos de hábitats de pampa,* desde pampas abiertas, pampas cubiertas de hierba y recién quemadas, hasta una gran cantidad de pampas arboladas. El ganado debe de ser excluido del 25 al 50% del área de estas pampas, para proveer áreas de control que nos ayuden a entender mejor los efectos del pastoreo en la biodiversidad de las pampas.

(4) *Mantener grandes bloques de bosques altos de mayor edad en buenos suelos minimizando la extracción a gran escala de los árboles del dosel.*

(5) *Desarrollar y diseminar materiales educativos para niños y adultos para ampliar la base de entendimiento y apoyo a la conservación y al manejo de recursos naturales.*

(6) *Trabajar con residentes locales para asegurar el financiamiento para el estudio comunitario participativo dirigido al manejo, ecológicamente sensitivo, de sus recursos.* El foco de estudio recomendado incluye (a) nuevas fuentes de proteínas que permitan reducir la necesidad de cazar especies silvestres, (b) monitoreo de las poblaciones de animales de caza y madera de extracción, (c) el rol de los incendios y el pastoreo en el mantenimiento de las pampas abiertas, (d) inventario detallado de mamíferos, aves, anfibios y reptiles, especialmente en las pampas, (e) la respuesta de aves, anfibios y reptiles locales a alteraciones en el medio ambiente, y (f) los mecanismos detrás de la reproducción natural exitosa de las poblaciones de castaña en la región.

**Beneficios para
la conservación
a largo plazo**

(1) *Comunidades humanas en relación estable con un paisaje de bosques y pampas* que provea productos forestales renovables tales como la castaña y la madera, y fuentes de proteína, a largo plazo, provenientes de animales de caza.

(2) *Mantenimiento de una variedad compleja de nuevas y viejas pampas que constituyen hábitats únicos en el norte de Bolivia.* Estas pampas son, en esencia, "islas" de hábitats rodeadas por un "mar" de bosques. A causa de su aislamiento de otros hábitats de pampa, ellas pueden refugiar números significativos de especies endémicas locales y regionales y generar patrones especiales de evolución en las poblaciones de plantas y animales que se encuentran en su interior.

¿Por qué Madre de Dios?

En esta imagen satélite de la región central de Pando (Figura 1), los ríos Orthon, Madre de Dios y Beni corren al noreste hacia el Amazonas. Entre estos ríos aparece, en color café cobrizo, un bosque de tierras altas de la Amazonía occidental con altas copas y abundantes árboles de castaña. En la esquina sudeste de la imagen (abajo a la derecha), largas franjas de pampas abiertas (en azul) se extienden del Departamento de Beni. Estas extensiones de las pampas sureñas apenas llegan a Pando. Al norte del río Beni, las mismas se dividen en piezas aisladas de un rompecabezas de hábitat abierto rodeadas de una matriz extensa de bosques altos. Las áreas coloreadas en vino, adyacentes a las pampas abiertas, son pampas viejas actualmente cubiertas por arbustos y árboles.

En esta intersección de vegetación de pampas en suelos pobres, y hábitats de bosques altos en mejores suelos, el gobierno boliviano designó el Área de Inmovilización Madre de Dios (literalmente una "Área Inmovilizada" esperando una designación de uso). El objetivo de nuestro equipo de inventario rápido fue el de recolectar información biológica y sociológica necesaria para apoyar la conservación y el uso ecológicamente sensitivo de esta compleja mezcla de hábitats.

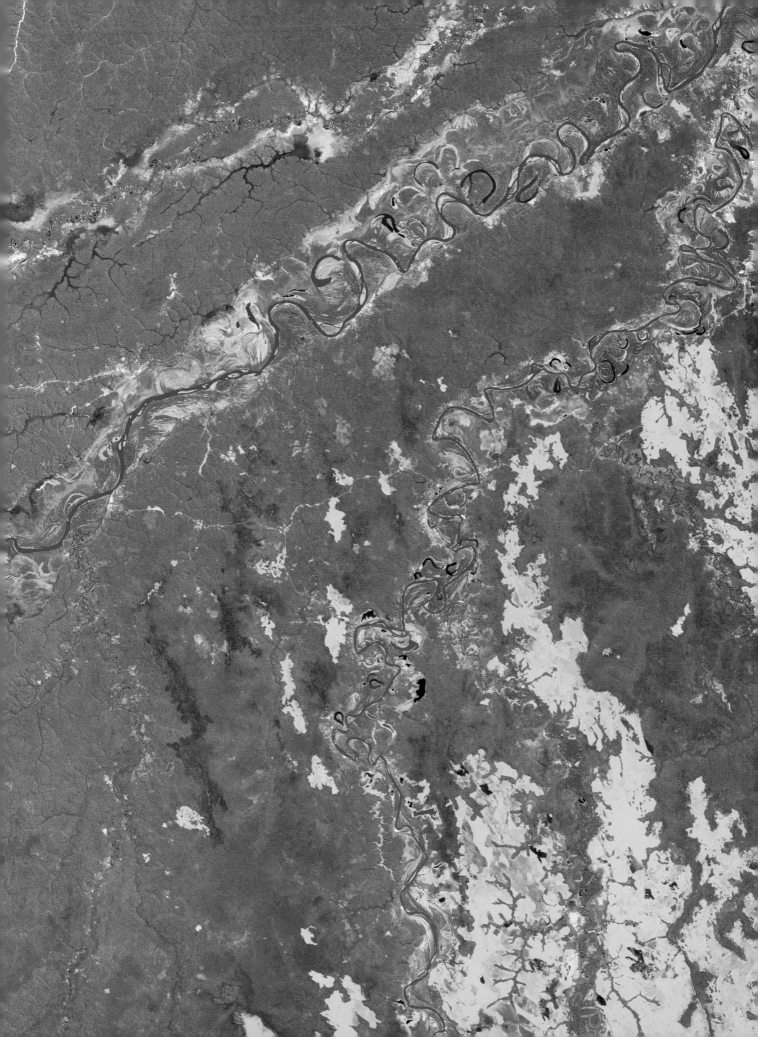

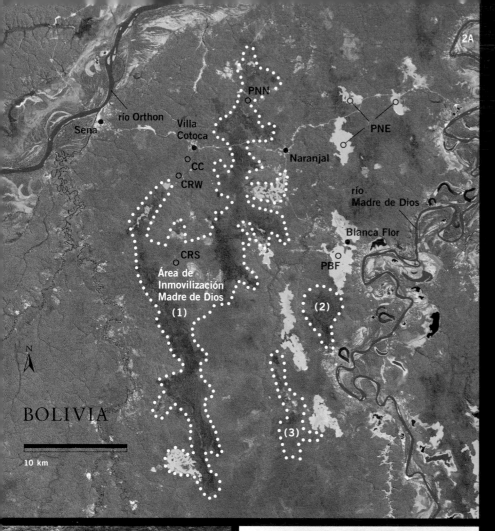

2A

PNN

río Orthon

Sena

Villa
Cotoca

CC

CRW

Naranjal

PNE

río
Madre de Dios

Blanca Flor

PBF

CRS

Área de
Inmovilización
Madre de Dios

(1)

(2)

N

BOLIVIA

10 km

(3)

Área de Inmovilización Madre de Dios

*fig.*2A Un vista de cerca de la parte central de Pando con los mayores asentamientos y los sitios de estudio del inventario biológico rápido. Cada una de las tres unidades del Área de Inmovilización está delineada con una línea de puntos blancos. Closeup view of central Pando with major settlements and rapid biological inventory study sites. Each of the three units of the Área de Inmovilización is outlined by a dotted white line.

Recuadro/Inset:
Localización de esta imagen.
Location of this satellite image.

Brasil

Perú

BOLIVIA

La Paz

*Oceano
Pacifico*

Chile

Paraguay

Sitios del inventario/Inventory sites:

CC = Campamento de Cotoca
Cotoca Camp

CRS = Camino de Cotoca Hacia el Sur
Cotoca Road South

CRW = Senderos al Oeste del Camino a Cotoca Cotoca Road West

PBF = Pampa de Blanca Flor

PNE = Pampas Abiertas Naranjal Este

PNN = Pampa Arbolada Naranjal Noroeste

▮ Bosques en suelos bien drenados
Forests on well-drained soils

▮ Pampa arbolada
Overgrown pampa with trees

▯ Pampa abierta
Open pampa

2B

2C

*fig.*2B Vista aérea de pampa
arbolada. Aerial view of overgrown
pampa.

*fig.*2C Vista aérea de pampa
abierta. Aerial view of open pampa.

*fig.*3A La corteza gruesa y
como corcho del *Himatanthus*
(Apocynaceae) le ayuda a sobrevivir los incendios en las pampas.
Thick, corky bark of *Himatanthus*
(Apocynaceae) helps it survive
fires on the pampas.

*fig.*3B La palmera *Oenocarpus
distichus*, una de las especies que
se encuentra en la orilla de su
rango geográfico dentro del Área
de Inmovilización Madre de Dios.
The palm *Oenocarpus distichus*,
one of the species at the edge of
their geographic range in the Área
de Inmovilización Madre de Dios.

*fig.*3C Un biólogo del inventario
rápido colecta una muestra de
Schefflera morototoni (Araliaceae),
un árbol común en las pampas
arboladas. A rapid inventory
biologist collects a sample of
Schefflera morototoni (Araliaceae),
a common tree in overgrown
pampas.

*figs.*3D, 3E Encontramos
523 especies de plantas,
incluyendo esta *Prionostemma*
(Hippocrateaceae) y *Macairea*
(Melastomataceae), y estimamos
800 para la región. We found 523
plant species, including this
Prionostemma (Hippocrateaceae)
and *Macairea* (Melastomataceae),
and estimated 800 for the region.

4A

4B

4C

4D

4E

4F

*fig.*4A *Formicivora grisea*, una especie de la savanna y colonizadora de las pampas aisladas, es un nuevo registro para Pando. *Formicivora grisea*, a savanna species and colonist of the isolated pampas, is a new record for Pando.

*fig.*4B Registramos 241 especies de aves, incluyendo a la especie del bosque *Dacnis cayana*. We recorded 241 species of birds, including *Dacnis cayana*, a forest species.

*fig.*4C *Myrmotherula sclateri* fue un miembro común de las abundantes bandadas de especies del dosel. *Myrmotherula sclateri* was a common member of the abundant, mixed-species canopy flocks.

*fig.*4D La cacería excesiva puede resultar en la perdida local de varias especies de mamíferos grandes. Overhunting may result in the local loss of several large mammal species.

*fig.*4E Blanca Flor es el asentamiento más grande y la sede municipal. Blanca Flor is the largest settlement and the municipal seat.

*fig.*4F Metida entre las pampas abiertas y los bosques, Blanca Flor y otras comunidades locales tiene una buena oportunidad para el desarrollo de planes de manejo basados en comunidades cuidando sus recursos naturales. Nested amidst open pampas and forests, Blanca Flor and other local communities have good opportunities for development of community-based natural-resource management plans.

Panorama General de
los Resultados

Del 7 al 12 de julio del 2002, el equipo del inventario biológico ocupó un solo campamento a unos pocos kilómetros al sur de Villa Cotoca, un pequeño asentamiento en la carretera de Cobija a Riberalta. Trabajamos en seis sitios en, y alrededor, del Área de Inmovilización Madre de Dios, incluyendo el área inmediatamente circundante al campamento de Cotoca. El acceso a estos sitios fue provisto por una red existente de caminos y, dentro de los sitios, por senderos usados por los cazadores y castañeros. La elevación en general no varió mucho (155–175m). Sin embargo, la topografía ondulada de las tierras altas de suelos bien drenados y fácilmente erosionables fue muy diferente a las áreas notoriamente planas y mal drenadas que forman las pampas abiertas y arboladas. El equipo del inventario de recursos y fortalezas culturales y sociales trabajó en la región del 25 al 27 de julio del 2002.

DESCRIPCIÓN BIOLÓGICA

Vegetación y Flora

La imagen de satélite de la región (Figura 1) muestra áreas azules brillantes que representan las pampas abiertas. Adyacentes a estas áreas azules hay áreas de color púrpura cubiertas por bosques relativamente bajos, generalmente densos y llenos de enredaderas, con un dosel que mide entre 5 a 15 m de altura. Estas áreas púrpuras en la imagen son pampas arboladas formadas por la sucesión natural en la ausencia de incendios. Las pampas, en todos sus estados de regeneración, son importantes en el hecho de que son hábitats únicos en Pando y la extensión más septentrional de este tipo de hábitat en Bolivia (y en las partes adyacentes del Brasil). Este tipo de hábitat "salta" el río Beni pero parece no cruzar el río Madre de Dios hacia el norte y al oeste.

En la imagen de satélite (Figura 1), alrededor de las pampas y de color naranja con manchas, aparecen bosques más altos, de suelos bien drenados. Estos bosques fueron ligeramente talados hace 40 años y ahora son cosechados intensamente por su castaña y sus animales de caza, pero por lo general se encuentran en buen estado. La tala selectiva, hecha árbol por árbol, todavía existe sobretodo para las especies de mayor valor económico. Notables entre estos bosques son las plantulas y árboles jóvenes de castaña (*Bertholletia excelsa*), que se encuentran a lo largo de los caminos de los bosques que rodean Cotoca. Poblaciones de castaña que se están reproduciendo activamente son difíciles de encontrar y por lo tanto de mucho valor para Pando.

Durante nuestros seis días de trabajo de campo, registramos 523 especies de plantas vasculares (Apéndice 1) y estimamos unas 800 para la región. No encontramos ninguna especie que pueda ser reconocida como nueva para la ciencia, pero sí registramos especies nuevas para Pando, raras para Bolivia, o de otro modo notables. Éstas incluyen *Qualea albiflora* (Vochysiaceae), un árbol de 20 m de alto que domina varias de las pampas arboladas. Por lo que sabemos, esta especie ha sido colectada solamente una vez en Bolivia.

Anfibios y Reptiles

Registramos 19 especies de reptiles (8 de culebras, 10 de lagartijas, y un cocodrilo) y 19 especies de anfibios (todas ranas) de nuestra zona de estudio (Apéndice 2). Todas las especies con la excepción de una lagartija (*Pantodactylus schreibersii*) provenían de un hábitat de bosque. Hicimos tan sólo un reconocimiento de las pampas en el área dada la extrema sequedad. Todas las especies que registramos son elementos comunes de las herpetofaunas del suroeste de la Amazonía, y han sido registradas en otros lugares bien inventariados en el sureste del Perú (Parque Nacional Manu, Reserva Tambopata, Cuzco Amazónico) y el norte de Bolivia (Reserva Nacional de Vida Silvestre Amazónica Manuripi). Muchas son especies amazónicas bien difundidas y ninguna de las especies observadas era local o endémica de la región.

Dado a que estábamos tomando muestras durante la época seca, detectamos sólo una pequeña porción de los anfibios y reptiles esperados para la zona de estudio. Juzgando por la riqueza de las especies en áreas más minuciosamente inventariadas en el suroeste de la Amazonía, sospechamos que la herpetofauna de la zona de estudio Madre de Dios tendría un total de 140–160 especies. Nuestro inventario rápido detectó probablemente tan sólo alrededor de 25–30% de las especies de ranas y 25% de los reptiles que se podrían ser esperados.

Aves

El equipo de aves registró 241 especies en el área. Encontramos 210 especies en las áreas boscosas de nuestro campamento y hacia el sur, donde concentramos la mayoría de los esfuerzos de muestreo, y 81 especies en pampas y áreas de bosque asociadas. Nuestros protocolos de muestreo tendieron a favorecer la detección de especies de bosque, y creemos que muchas más especies de las que observamos están presentes en las pampas.

La composición de la avifauna del bosque fue típica de la región suroeste de la Amazonía. Las bandadas de especies que vuelan en el dosel parecían particularmente numerosas. En contraste, encontramos pocas bandadas mixtas en el sotobosque, y especies que se encuentran típicamente en esos tipos de bandadas parecían poco frecuentes. Este patrón pudo ser el resultado de previas actividades de tala, las que podrían haber alterado desproporcionadamente la estructura de los estratos del subdosel del bosque a través de la conservación de grandes árboles de castaña. Aves grandes como pavas, loros, y palomas terrestres, cuya poca notoriedad la atribuimos a la fuerte presión ejercida por la caza en el área, también fueron aparentemente escasas. Encontramos el águila *Morphnus guianensis* en un bosque cercano a nuestro campamento. Esta especie es un depredador de primer nivel que requiere de grandes áreas de bosque relativamente intacto.

Nuestros muestreos de las pampas proporcionaron nuevos registros para el Departamento de Pando. La avifauna de las pampas es probablemente más rica en especies que lo que nuestros resultados indican, sin embargo no detectamos varias especies, típicas de las pampas, que suelen ser altamente visibles donde ocurren. Esto sugiere que la avifauna, aunque conteniendo elementos no encontrados en los bosques de las áreas circundantes, es probablemente pobre comparada a aquella de las más extensas pampas del Departamento de Beni, hacia el sur.

Mamíferos Grandes

Registramos 23 especies de mamíferos, en su mayor parte por medio de huellas pero también por observaciones visuales, auditivas, y olfativas, así como por madrigueras, agujeros, y nidos. En comparación a las áreas de bosque en otras partes de Pando y la cuenca occidental del Amazonas, observamos pocos mamíferos. En particular, notamos poca riqueza de especies y una baja densidad de población de mamíferos, especialmente primates y otras especies perseguidas por humanos.

Por ejemplo, la abundancia de jochis (*Dasyprocta variegata*), pacas (*Agouti paca*), y sajinos (*Tayassu* spp.) fue más baja de lo que esperábamos. Aún pequeños primates como los chichilos (*Saguinus* sp.) se encontraron en bajas densidades. Esta baja abundancia de mamíferos grandes puede deberse en parte a la historia natural del área. Sin embargo, en vista del número de mamíferos observados como presas de caza y la presencia de un mercado activo por carne de monte, la escasez de mamíferos grandes parece deberse fundamentalmente a la caza excesiva e indiscriminada.

En contraste, observamos muchas señas de la abundancia de pequeños felinos (Felidae), especialmente a lo largo de los caminos de tierra y los senderos del bosque. También observamos una alta densidad de pequeños roedores nocturnos, quizás a causa de los hábitats de pampa y la ausencia de grandes depredadores.

COMUNIDADES HUMANAS

El Área de Inmovilización Madre de Dios se encuentra dentro de la Municipalidad de San Lorenzo. La municipalidad incluye 33 pueblos y aldeas, de los cuales 11 son comunidades indígenas mixtas. Una solicitud estatus de Tierra Comunitaria de Origen (TCO) fue hecho y está en proceso de conciliación con las autoridades municipales sobre la definición de fronteras. Blanca Flor es actualmente la sede municipal.

Los asentamientos modernos en la región empezaron a principios de los años 1930 cuando grandes haciendas destinadas a la recolección de goma y castaña fueron establecidas, como lo fueron en otros asentamientos de Pando y áreas adyacentes en Beni. Indios Tacana de Ixama estuvieron entre los que fueron llevados a trabajar en las haciendas. Con el colapso del auge de la goma (1950s a 1980s), los trabajadores tomaron posesión de las tierras y solicitaron estatus legal (personería jurídica) para los pueblos y aldeas.

La economía regional sigue siendo principalmente dependiente de la extracción de castaña. La falta de ingreso creado por el colapso de la goma ha sido aparentemente substituido por la cría de ganado, la comercialización de arroz a pequeña escala, y en ciertas instancias de animales de caza.

Los usos y fortalezas sociales que pueden ser usados para la creación de programas participativos de conservación, intervención y educación incluyen (1) la familiaridad de los residentes con el ecosistema y la continua participación en actividades de extracción de bajo impacto (p. ej., extracción de castaña), (2) el interés expresado en la implementación de alternativas de bajo impacto para el uso de los recursos, (3) esfuerzos por parte de las comunidades nativas para recuperar prácticas y valores culturales, (4) esfuerzos activos en educación ambiental en las escuelas municipales, y (5) un gobierno municipal activo interesado y dispuesto a hacer valer los acuerdos.

AMENAZAS

La amenaza principal para la diversidad biológica de la región es la cacería excesiva por los residentes locales. Amenazas secundarias incluyen la degradación y la pérdida de bosques y pampas.

Caza excesiva

A pesar de una relativamente baja densidad poblacional en la región, la presión ejercida por la caza en la población de mamíferos y aves es considerable. Nuestras observaciones sugieren que la cacería excesiva para comida y medicina pudiese estar disminuyendo la abundancia de muchos de los mamíferos grandes y aves a niveles peligrosos. La caza parece haber cambiado los roles ecológicos que los mamíferos juegan en los bosques y pampas de la región. Predecimos que la caza a los niveles actuales de intensidad, si no es controlada, resultará en la pérdida de ciertas especies en la región.

Sobrepastoreo de las pampas

A pesar de que estudios son necesarios para verificar su historia, las pampas abiertas probablemente han sido mantenidas en el pasado con quemas periódicas, en vez de pastoreo. Algunas especies de plantas nativas, genéticamente adaptadas a los efectos del fuego pero no al pastoreo, podrían desaparecer de la región si es que el ganado no es excluido de una porción de las pampas.

Eliminación generalizada de bosques de alto dosel

El bosque alto en suelos bien drenados actualmente sirve como una fuente de (1) materiales de construcción y leña para las comunidades locales, (2) madera de corte selectivo para el mercado, (3) castaña, (4) plantas medicinales, y (5) mamíferos y aves para la caza y el consumo. La eliminación de árboles de dosel de este bosque para incrementar las áreas de tierras agrícolas y de pastoreo causará que el bosque se convierta en más seco y resultará en la pérdida de algunos de los recursos comunales descritos con anterioridad.

OBJETOS DE CONSERVACIÓN

Por (1) su escasez regional o nacional, (2) su influencia en la estructura y dinámica de la comunidad, o (3) su indicación de hábitats o funciones del ecosistema relativamente intactos, las siguientes especies y comunidades deberían ser el foco principal para la conservación en la región, incluyendo el Área de Inmovilización Madre de Dios.

GRUPO DE ORGANISMOS	OBJETOS DE CONSERVACIÓN
Comunidades de Plantas	Pampas en todos los estados de sucesión Grandes bloques de bosques antiguos secundarios sobre suelos bien drenados
Especies de Árboles	Poblaciones saludables y con capacidad de regeneración de castaña (*Bertholletia excelsa*), tumi (*Amburana cearensis*), cedro (*Cedrela odorata*), y otras especies maderables
Agrupamientos de Reptiles y Anfibios	Herpetofauna representativa del suroeste de la Amazonía, junto con los hábitats húmedos del sotobosque que los mantienen
Especies y Communidades de Aves	Aves grandes, cazadas para comida y medicina Aves de pampa, y loros
Mamíferos Grandes	Los mamíferos grandes, incluyendo el globalmente raro *Leopardus pardalis* y *L. wiedii* (tigrecillo y gato), *Lontra longicaudis* (lobito de río), *Panthera onca* (tigre), *Puma concolor* (león), *Speothos venaticus* (zorro), y, sí presente, *Priodontes maximus* (pejichi), *Pteronura brasiliensis* (londra), y *Herpailurus yaguarondi* (gato gris) (especies CITES I) *Alouatta sara* (manechi), *Aotus* sp. (mono nocturno), *Cebus albifrons* y *C. apella* (monos capuchinos), *Saguinus fuscicollis weddeli* (chichilo), *Tapirus terrestris* (anta), *Tayassu tajacu* (taitetú), y, sí presente, *Ateles chamek* (marimono), *Bradypus variegatus* (perezoso), *Callicebus* sp. (soqui soqui), *Myrmecophaga tridactyla* (oso bandera), *Pithecia irrorata* (parabacú), *Saimiri boliviensis* (mono amarillo), *Saguinus labiatus* (chichilo o leoncito), *Tamandua tetradactyla* (oso hormiguero), y *Tayassu pecari* (tropero) (especies CITES II)
Communidades Humanas	Extracción de castaña como una actividad económica primaria Fuentes de madera y proteína (incluyendo animales de caza) a largo plazo

El Área de Inmovilización Madre de Dios es de alta prioridad para la conservación a nivel municipal (San Lorenzo) y departamental (Pando) pero no a nivel nacional o internacional.

Residentes locales y líderes de la comunidad están muy interesados en desarrollar planes concretos de manejo de recursos naturales para la región. El interés y el entusiasmo generado por el inventario biológico rápido abrió un camino para iniciar planes comunales para el uso de la tierra, manejo de animales de caza, esfuerzos de monitoreo e investigación, así como educación en temas de conservación para adultos y niños.

Con estas herramientas y recursos, los residentes de Blanca Flor, Naranjal, y Villa Cotoca podrían moderar sus hábitos de caza y conservar las poblaciones de aves y mamíferos de caza, castaña, madera, leña, y otros productos naturales de los bosques y pampas para sus hijos y nietos. Conservando considerables bloques de bosques altos y pampas intactas, los residentes locales también podrían mantener poblaciones saludables de animales y plantas (que actualmente no se cazan) designados como objetos para la conservación en esta región.

Una de las opciones disponibles para las comunidades locales es la designación de un refugio regional o municipal dentro de los límites del Área de Inmovilización Madre de Dios. La designación formal de un refugio de vida silvestre pudiese facilitar el proceso de planificación de uso de la tierra a escala regional, en la que algunas tierras son asignadas para el uso intensivo (con una gran alteración de las comunidades silvestres), y otras tierras para usos menos intensivos, compatibles con la biodiversidad nativa.

Este inventario biológico rápido a sentado las bases para futuros esfuerzos de conservación a través de una identificación a grandes rasgos del contexto ecológico regional, valores biológicos, amenazas, y oportunidades de conservación. Los resultados de nuestro inventario también sugieren las siguientes recomendaciones.

Protección y manejo

(1) **Junto con los residentes de Blanca Flor, Naranjal, Villa Cotoca, y otras comunidades locales, desarrollar planes para que el manejo de los recursos naturales** hagan explícitos los deseos de estos residentes para el futuro uso de la tierra, hábitats de bosque y pampa, y de las poblaciones de animales de caza y de otras especies silvestres.

(2) **Considerar la designación formal de un refugio de vida silvestre como medio efectivo para alcanzar los objetivos de manejo.**

(3) **Evitar la excesiva extracción a través de la promulgación de controles efectivos que reduzcan la caza de mamíferos y aves silvestres a niveles que pueden persistir a largo plazo.** A través de canales de decisión comunitarios, definir niveles máximos conservativos para la cacería en base de estudios de la capacidad de carga (ver Investigación, abajo). Ajustar los "límites por bolsa" así como otras estrategias de protección a base del monitoreo de resultados (ver Monitoreo, abajo). Identificar incentivos comunitarios y mecanismos de imposición necesarios para el cumplimiento de los objetos para la protección de especies de caza.

(4) **Manejar las pampas para mantener un rango de edades y tipos, desde pampas abiertas, recién quemadas y cubiertas de pastos, hasta un diverso conjunto de pampas viejas en las que árboles y arbustos se han convertido en especies dominantes.** El ganado debería ser excluido de 25 a 50% del área ahora cubierta por la vegetación de las pampas hasta que el efecto del pastoreo en la biodiversidad nativa sea entendido con mayor claridad. La quema periódica de algunas pampas debe de continuar.

(5) **En la próxima década, limitar la reducción de la cobertura de bosques altos a no más del 10% de su área actual.**

(6) **Desarrollar y emplear materiales educativos para niños y adultos para ampliar la base del entendimiento y el apoyo a la conservación, así como al manejo de los recursos naturales.** Por ejemplo, la educación de los residentes locales podría reducir la muerte de animales para su uso en medicinas tradicionales ineficaces.

RECOMENDACIONES

Investigación

(1) **Investigar la capacidad de carga para la cacería de las especies más explotadas en el área e identificar fuentes alternativas de proteína para los residentes locales** para reducir su fuerte dependencia en animales de caza.

(2) **Investigar la regeneración extensiva de castaña que se observó en partes del Área de Inmovilización Madre de Dios** para entender por qué ésta ocurre y ver si estas condiciones favorables pueden ser reproducidas en otras áreas de producción de castaña en Bolivia.

(3) **Estudiar los efectos de alteraciones en especies particulares de anfibios y reptiles.** Sabemos de un sólo estudio de estos efectos en bosques tropicales cerca de Manaus, en la Amazonía brasileña. Registros históricos de alteraciones en los bosques de Pando ofrecen una oportunidad para comparar las respuestas de anfibios y reptiles en bosques de la Amazonía suroccidental a aquellos estudiados cerca de Manaus.

(4) **Llevar a cabo un estudio a las respuestas de la comunidad de aves en el sotobosque a la maduración de los hábitats de bosques altos.**

Inventario adicional

(1) **Llevar a cabo inventarios adicionales más exhaustivos de anfibios y reptiles durante la época de lluvias, poniendo atención especial a los hábitats de pampa,** ya que éstos son los refugios más probables de anfibios y lagartijas que son endémicos locales o de la región.

(2) **Iniciar un inventario más exhaustivo de las aves en las pampas** para entender mejor las especies presentes y sus necesidades de conservación.

(3) **Inventariar pequeños mamíferos y llevar a cabo un inventario más exhaustivo de mamíferos nocturnos,** especialmente en las pampas.

Monitoreo

(1) **Construyendo sobre los activos organizacionales de las comunidades locales, desarrollar e implementar un programa de monitoreo regional.** A través de este programa encargados locales pueden medir el progreso hacia las metas de conservación fijadas en los planes de manejo comunitarios (ver Protección y manejo, arriba). Recomendamos poner particular atención a lo siguiente:

(1.1) **Monitorear las poblaciones de aves y mamíferos de caza, así como de loros y otros animales vulnerables al tráfico de animales.** Al mismo momento, monitorear el comportamiento de los cazadores en las comunidades locales para evaluar respuestas a las estrategias de manejo (ver Protección y manejo, arriba). Usar los resultados para ajustar estas estrategias.

(1.2) **Monitorear el estatus poblacional de las especies maderables** importantes tales como el tumi (*Amburana cearensis*) y el cedro (*Cedrela odorata*). Usar los resultados para establecer lineamientos para la extracción para que estas especies sean disponibles para los hijos y nietos de los residentes actuales.

Informe Técnico

DESCRIPCIÓN DE LOS SITIOS MUESTREADOS

El inventario se realizó del 7 al 12 de julio del 2002, en el Área de Inmovilización Madre de Dios, un pedazo de tierra de contorno irregular de 51,112 ha cerca del límite sur de la zona central de Pando (Figuras 1, 2A). El Área de Inmovilización se halla en el medio de un estrecho de tierra que va hacia el noreste entre el río Madre de Dios (hacia el noroeste) y el río Beni (hacia el sureste.) En esta parte estrecha, los hábitats hacen una transición entre los bosques humédos característicos de las tierras altas y bien drenadas de Pando occidental, y los bosques más secos y las pampas de Beni.

El equipo del inventario biológico ocupó un sólo campamento, situado a unos cuantos kilómetros al sur de Villa Cotoca, un pequeño asentamiento en la carretera de Sena a Riberalta (que estaba nombrada como Mangal en los mapas que datan de fines de los años 1970s e inicios de los 1980s). Trabajamos en seis sitios (Figura 2A), incluyendo el área inmediatamente circundante el campamento de Cotoca. Acceso a estos sitios fue provisto por una red existente de caminos, y dentro de los sitios, a través de senderos usadas por cazadores y castañeros. La variación en elevación no fue notable (155–175m). Sin embargo, la topografía ondulada de las tierras altas en suelos bien drenados y más erosionables se diferenciaba significativamente de las áreas notablemente planas y poco drenadas que constituyen las pampas abiertas y pampas arboladas.

Las medidas de latitud y longitud fueron tomadas de unidades GPS, a no ser que sea especificados de otro modo.

Campamento de Cotoca y alrededores
(11°33.78' S, 67°07.62' O, del mapa topográfico 1:50.000: Mangal, 1982, Instituto Geográfico Militar Boliviano)
Establecimos este campamento en y alrededor de un pequeño claro y una estructura de techo de paja usada estacionalmente para la clasificación de castaña. El camino que va hacia el sur de la carretera principal en Cotoca pasa primero a través de campos y bosques recientemente perturbados, luego a través de bosques antiguos secundarios de suelos bien drenados antes de llegar al Campamento de Cotoca. Entre el 7 y el 12 de julio del 2002, hicimos un inventario a lo largo de los senderos existentes y al borde del camino que rodea este sitio (Figura 2A).

Senderos al Oeste del Camino a Cotoca —
A unos cuantos kilómetros al sur del Campamento de Cotoca, otra antigua ruta maderera se abre hacia el suroeste. Esta ruta occidental, sólo transitable a pie, se bifurca hacia una pequeña granja abandonada en 11°35.08' S, 67°09.55' O, y hacia una pequeña pampa en 11°35.63' S, 67°10.06' O. Exploramos ambos caminos el 11 de julio.

Camino de Cotoca Hacia el Sur —El camino de terracería que va en dirección hacia el sur del Campamento de Cotoca, construido probablemente hace 40 años para la extracción de madera, es transitable en vehículos 4x4 por unos 25 km aproximadamente. Pasa a través de bosques antiguos secundarios dominados por castaños y otros árboles emergentes que no han sido extraídos, y a través de parcelas de bosques secundarios más jóvenes y recientemente alterados. El camino atraviesa terreno ondulado con muchos riachuelos y varios claros de chacras. Continúa a través de dos pequeñas pampas, pasa por la entrada a un gran asentamiento llamado Barraca Canadá, y luego se convierte en intransitable en 11°47' S, 67°11' O, justo al norte de una pampa arbolada visible en la imagen de satélite. Atravesamos esta ruta en camión y a pie el 8 de julio y luego, en partes el 11 de julio.

Pampa de Blanca Flor

(11°43.84' S, 66°57.54' O)
El 9 de julio, viajamos en camión al pueblo de Blanca Flor, luego al suroeste a través de una extensa pampa abierta hasta su borde más occidental, donde a pie, pudimos entrar fácilmente a la pampa abierta, a las pampas más viejas con árboles (pampas arboladas), y a un bosque antiguo secundario con suelos bien drenados.

Pampa Arbolada Naranjal Noroeste

(11°29.13' S, 67°01.84' O)
En la mañana del 10 de julio, viajamos en camión hacia una pampa abierta dominada por helechos *Pteridium* y una compleja mezcla de vegetación, adyacente a una pampa arbolada de mayor edad, aproximadamente a 12 km al noroeste de la comunidad de Naranjal. No visitamos la pequeña aldea inmediatamente al noroeste del sitio inventariado que aparece como "El Turi" en

los mapas compilados en 1982 por el Instituto Geográfico Militar Boliviano.

Pampas Abiertas Naranjal Este

(11°32.65' S, 66°54.32' O, de la primera gran pampa al este del Naranjal; hasta la pampa más oriental visitada en 11°31.64' S, 66°48.99' O)
En la tarde del 10 de julio, examinamos tres pampas abiertas, cada una adyacente a la carretera principal que va hacia el noreste entre el Naranjal y el rió Beni. Todas estaban cubiertas de pastizales, con pocos árboles, y el borde oriental de la pampa más al este estaba significativamente más húmedo que otras áreas de pampa vistas.

VEGETACIÓN Y FLORA

Participantes/Autores: William S. Alverson, Janira Urrelo, Robin B. Foster, Julio Rojas, Daniel Ayaviri, y Antonio Sosa

Objetos de Conservación: Pampas en todos los estados de sucesión, y extensos bloques de bosques antiguos secundarios en suelos bien drenados; poblaciones de árboles con capacidad de regeneración, p. ej., castaña (*Bertholletia excelsa*), tumi (*Amburana cearensis*), cedro (*Cedrela odorata*), y otras especies maderables

MÉTODOS

Tuvimos seis días para estimar el gran complejo de vegetación de bosque y pampa en y alrededor del Área de Inmovilización Madre de Dios. El Campamento de Cotoca se encontraba dentro de la matriz de bosques antiguos secundarios en suelos bien drenados, los que exploramos usando los senderos y caminos existentes. Buscamos tipos adicionales de vegetación visibles en una imagen de Landsat 7 (EMT+) tomada en agosto del 2000 —pampas abiertas y pampas remontadas con diferentes densidades de árboles, en particular— y viajamos en camión a los sitios que nos permitió poder explorar estos hábitats a pie.

No recolectamos información cuantitativa en los transectos. En vez, mantuvimos listas abiertas de las especies identificadas en el campo y registramos información cualitativa sobre su abundancia y presencia en varios hábitats. Tomamos varios cientos de fotografías para documentar la presencia de especies y como herramienta para identificar especies irreconocibles después. Una vez procesadas y digitalizadas, un subconjunto representativo de las fotos estará disponible en *www.fieldmuseum.org/rbi*. También colectamos 304 especímenes de herbario representando por lo menos 215 especies en una serie de números bajo el nombre "Janira Urrelo." Todos los especímenes fueron tratados en el campo con alcohol y secados en la universidad en Cobija. Los mismos serán depositados en herbarios en la Universidad Amazónica de Pando, Cobija (UAP), el Herbario Nacional, La Paz (LPB), y el Field Museum (F).

RIQUEZA FLORÍSTICA, COMPOSICIÓN Y DOMINIO

Nuestra lista preliminar de plantas vasculares (en el Apéndice 1) lista 523 especies dentro del área en y alrededor del Área de Inmovilización Madre de Dios. Juzgando por la variación entre los tipos de hábitat que pudimos explorar en el campo, y por la presencia de varios tipos de hábitats que no pudimos visitar, estimamos el total de flora vascular en aproximadamente 800 especies.

Esta riqueza moderada de especies se debe a la entremezcla de floras adaptadas a suelos mal drenados y suelos bien drenados, pero que no tienen variaciones de elevación muy significantes, ni una flora extensiva de epífitas. Muchas de las especies en los bosques antiguos secundarios de suelos bien drenados eran las mismas que se observaron en la región de Tahuamanu en el oeste de Pando (Foster et al. 2002). En contraste, las especies presentes en hábitats de pampa son más afines a aquellas en pampas tales como las Pampas del Heath en el Departamento de La Paz, y las Pampas del Beni. También mostraron afinidad hacia la vegetación de pampa y cerrado hacia el sur y este, en los Departamentos bolivianos de Beni y Santa Cruz, y el adyacente Brasil (cf. Killeen 1998).

Fabaceae y Moraceae fueron las familias más comúnmente encontradas en los bosques de tierras altas en suelos bien drenados, con por lo menos 54 especies (en 29 géneros) y 24 especies (en 10 géneros), respectivamente. Aunque sólo 4 especies en 3 géneros de Lecythidaceae fueron registradas, muchos individuos grandes emergentes de castaña (*Bertholletia excelsa*) estaban presentes, junto a emergentes de Moraceae (p. ej., *Ficus schultesii*) y otras especies ignoradas para la tala de especies maderables.

La vegetación de las pampas era más compleja. Algunas pampas eran muy abiertas expansiones casi sin árboles dominadas por pastos (Poaceae) y juncales (Cyperaceae). Una pampa anteriormente arbolada, aparentemente sujeta a una reciente quema intensiva, estaba completamente dominada por helechos *Pteridium aquilinum*. Otras estaban dominadas por arbustos y árboles pequeños, tales como la *Physocalymma scaberrimum* (resistente al fuego, Lythraceae), árboles de corteza gruesa como *Himatanthus* (Apocynaceae, Figura 3A), una *Mollia* sp. (Tiliaceae), *Vismia* spp. (Clusiaceae) y varias Bignoniaceae, Fabaceae, y Malpighiaceae. Algunas son dominadas por la pequeña palmera *Mauritiella armata*. Las pampas remontadas más antiguas (pampas arboladas), habiendo tenido más tiempo para regenerar desde la quema más reciente, eran dominadas por una mezcla de árboles y arbustos. Algunas de estas especies se encuentran también en el circundante bosque de tierra firme bien drenado, pero todas son especies características de suelos ácidos, y mal drenados, incluyendo *Qualea albiflora* (Vochysiaceae), un *Vernonianthus* sp. (Asteraceae), *Maprounea guianensis* (Euphorbiaceae), *Mouriri* spp. (Melastomataceae), *Graffenrieda limbata* (Melastomaceae), *Schefflera morototoni* (Araliaceae, Figura 3C), *Psychotria prunifolia* (Rubiaceae), y *Vismia* spp. (Clusiaceae). Una extensa área de pampa arbolada al sur de la Camino de Cotoca Hacia el Sur estaba dominada por Vochysiaceae, como había sido observado durante un sobrevuelo en marzo (por RF, también visible en la imagen de satélite, Figura 2A).

TIPOS DE VEGETACIÓN

Utilizamos un plan sencilllo para clasificar la vegetación inventariada en y alrededor del Área de Inmovilización Madre de Dios:

Vegetación en suelos bien drenados

Bosques talados hace 30 a 40 años, con remanentes de árboles de bosque viejo

Áreas recientemente alteradas (bosques secundarios jóvenes, campos, y los bordes de los caminos)

Vegetación en suelos mal drenados

Pampas abiertas dominadas por pastizales o arbustos y árboles dispersos (pampas abiertas; también se llaman pastizales en antiguos mapas topográficos)

Pampas arboladas con una cobertura relativamente continua de árboles (también se llaman bosque bajo o chapparral)

BOSQUES TALADOS EN SUELOS BIEN DRENADOS

La matriz vegetativa de la región está compuesta de bosques antiguos secundarios en suelos arcillosos y arenosos. Visto a vuelo de pájaro se puede decir que, el dosel alto de este bosque no es continuo y está compuesto de grandes árboles de castaña (*Bertholletia excelsa*) y otros emergentes, tales como *Ficus* (Moraceae) y *Dipteryx micrantha* (Fabaceae), que no fueron extraidos en las talas de árboles durante las últimas cuatro décadas. Entre las especies emergentes se encuentra un dosel continuo de árboles más pequeños con copas de 15 a 20 m de altura, proveyendo condiciones relativamente húmedas en el subdosel y el sotobosque por lo menos por la mitad del año. La composición del bosque es similar a la de la región de Tahuamanu en el oeste de Pando (Foster et al. 2002) pero sin algunas de las condiciones de humedad. En ambos bosques, higos y especies de la misma familia (Moraceae), fabaceas (específicamente *Tachigali*), y castañas y especies relacionadas (Lecythidaceae) eran ambas ricas en especies y comunes.

Las capas del dosel intermedio y del sotobosque de una gran parte del bosque estaban relativamente íntegras y bien desarrolladas. Palmeras, incluyendo *Attalea maripa*, *Chelyocarpus chuco*, *Oenocarpus bataua*, y otras eran conspicuas y comunes. Otras plantas comunes incluyen la hierba gigante *Phenakospermun guyannense* (Strelitziaceae), *Theobroma bicolor* (Sterculiaceae), *Apeiba tibourbou* (Tiliaceae), *Pseudolmedia laevis* (Moraceae), *Zanthoxylum ekmanii* (Rutaceae), un *Alseis* sp. (Rubiaceae), *Leonia glycycarpa* y *Rinoreocarpus ulei* (Violaceae), y otras especies de *Cecropia* y *Pourouma* (Cecropiaceae). *Piper* (Piperaceae), *Costus* (Costaceae), y otras especies de Marantaceae y Melastomataceae eran abundantes en el sotobosque.

Pocos troncos estaban cubiertos por musgos a la altura del pecho, sugiriendo periodos de sequía. Las pocas epífitas encontradas en este bosque crecían mayormente en los grandes y antiguos árboles de castaña, que podrían ser los mejores substratos dada su larga vida, y al parecer sus cortezas son favorables para la colonización (posiblemente dada su habilidad de retener humedad).

PAMPAS ABIERTAS

En un contexto regional más amplio, las pampas en la parte central de Pando están el la periferia —penínsulas e islas, por así decir—en un archipiélago de pampas más continuas que se extiende hacia el nor-noroeste desde los Departamentos de Beni y Santa Cruz. La precipitación anual disminuye de norte a sur a lo largo de este archipiélago (Killeen 1998, p. 58), y las pampas abiertas de Pando reciben más lluvia en promedio que las pampas del sur. Dado a que tenemos poca información sobre los niveles de escurrimiento y retención superficial, no podemos evaluar si fuertes precipitaciones se traducen en más altos niveles de humedad relativa, y por lo tanto en una menor propensidad a la quema, en las pampas del norte.

Una de las características más sorprendentes de las pampas visitadas era su extraordinaria planicie, que contrasta con el terreno ondulado de los bosques circundantes. Esta falta de relieve sugiere un drenaje muy pobre, comparable al de los hábitats de sartenejal y otros sitios visitados en Pando (Alverson et al. 2003). Observamos áreas que claramente eran charcas estacionales. Otras áreas estaban cubiertas por costras lateríticas y protuberancias sólidas de lo que parecería ser oxidaciones de hierro o aluminio. En contraste a muchas otras pampas en Bolivia, los termiteros eran raros o no se encontraron.

Las pampas abiertas variaban de casi totalmente cubiertas por pastizales (Figura 2C, y ver abajo) a cubiertas por manchas discontinuas de árboles y arbustos resistentes al fuego, tales como *Physocalymma scaberrimum* (chaquillo, Lythraceae), *Mollia* cf. *lepidota* (Tiliaceae), *Macairea* (Melastomataceae, Figura 3E), y varios géneros de Bignoniaceae, Fabaceae, y Malpighiaceae. Un pasto de tallo corto (estipoide) y una otra especie de pasto estéril con una lígula vellosa en el borde (ambos todavía no determinados) se encontraban en todas partes.

No sabemos cómo las pampas del Área de Inmovilización Madre de Dios fueron creadas, pero suponemos que la causa principal es el fuego. Las pampas que examinamos yacían en suelos extremadamente planos, mal drenados, ácidos, e inundados por temporadas. La vegetación en estos suelos parece ser propensa a la sequía e incendios en los años secos. En alguno de los grupos de árboles de la pampa arbolada visitados, la superficie del suelo estaba cubierta con una capa gruesa y muy seca de hojarasca, debajo de la cual había una capa muy esponjosa de raíces—un fósforo o un relámpago podría iniciar un incendio intenso y de rápida dispersión. Sí observamos troncos y tocones quemados dispersados a través de las pampas, pero era difícil determinar si los mismos habían sido iniciados por humanos o relámpagos. Aunque florísticamente similares a algunos tipos de sabanas abiertas presentes en el Parque Noel Kempff Mercado, 600 km hacia el sureste en el Departamento de Santa Cruz (Killeen 1998), las pampas abiertas de Pando pueden no haber sido formadas por las mismas características de suelos o regímenes de inundación.

Las pampas más abiertas que visitamos, al este de Naranjal, fueron recientemente y conspicuamente usadas por ganado. El ganado puede también estar presente en otras pampas en el área, pero la importancia relativa del pastoreo (versus los incendios) en prevenir la invasión de árboles y arbustos es desconocida. Una vez que los especímenes estén disponibles, deberíamos poder determinar si algunos de los pastos encontrados en las pampas tenían un origen exótico y fueron traídos a las pampas como pasto para el ganado.

PAMPAS ARBOLADAS

La imagen de satélite del Área de Inmovilización Madre de Dios exhibe áreas de color púrpura que son adyacentes a, y rodean, áreas de color azul brillante que simbolizan pampas abiertas (Figuras 1, 2A). Estas áreas púrpuras están cubiertas con un bosque relativamente bajo, con un dosel que varía entre 5 y 15 m de altura y es generalmente denso y lleno de enredaderas (Figura 2B). Estas pampas arboladas son formadas aparentemente por sucesión natural en la ausencia de incendios pero el incremento de invasión de árboles y arbustos no es conocido. La distribución actual de las pampas abiertas y las pampas arboladas, como visto en las recientes imágenes de satélite, es esencialmente el mismo que el visto en los mapas topográficos del Instituto Geográfico Militar compilados en 1982, con información del campo de 1978. Esta similitud sugiere que el cambio ocurre lentamente.

Las pampas arboladas eran complejas. *Qualea albiflora* (Vochysiaceae) está generalmente presente y emerge hasta 20 m en las pampas al norte y al este de Naranjal, pero las otras especies dominantes cambian de lugar en lugar. Al borde de las pampas arboladas al final del Camino de Cotoca Hacia el Sur, *Qualea wittrockii* y una *Vochysia* sp. (Vochysiaceae) eran emergentes y comunes. Árboles de talla mediana de *Maprounea guianensis* (Euphorbiaceae), *Crepidospermum* (Burseraceae), y *Schefflera morototoni* (Araliaceae, Figura 3C) eran comunes, así como lo eran las más pequeñas *Miconia tomentosa*, *Graffenrieda limbata*, *Tococa guianensis* y *Mouriri* (todas Melastomataceae), *Psychotria prunifolia* (Rubiaceae), y *Vismia* spp. (Clusiaceae).

La cobertura vegetal variaba significativamente entre las pampas arboladas visitadas. Algunas áreas abiertas estaban cubiertas de pastizales o suelos descubiertos, indicando la formación de estanques durante la temporada de lluvias. Otras áreas tenían desde capas de hojarasca moderada a más profundas y gran profundidad. En algunos de los suelos más pobres, nos hundimos hasta la rodilla en capas esponjosas de hojarasca y como una alfombra de raíces. En las cercanías, el suelo estaba cubierto por líquenes de *Cladonia*, sobre el cual se hallaban dos especies de helechos diminutos de *Schizaea*, que nos recordaron de los suelos altamente ácidos y estériles que observamos en la región central del Perú a 1,200 m de altura (Foster et al. 2001).

No pudimos muestrear el rango completo de variabilidad de las pampas arboladas durante nuestra corta estadía en el área. Durante los sobrevuelos hechos en marzo del 2002, uno de nosotros (RF) observó otro tipo distinto de pampa arbolada, dominada por una especie de Vochysiaceae la cual se puede ser observar en la imagen de satélite como un área de color púrpura-gris oscuro. Esta imagen sugiere que otras variantes de las pampas arboladas todavía quedan sin explorar en el área.

REGISTROS IMPORTANTES

Quizás el más notable de todos los registros sea la presencia de juveniles de castaña (*Bertholletia excelsa*) a lo largo de los bordes de los caminos en todo el bosque antiguo talado que se encuentra alrededor de Villa Cotoca. Una población de árboles de castaña que se está reproduciendo activamente es rara y por lo tanto de interés importante significante para Pando. En las barracas activas (haciendas de castaña), los humanos extraen casi todas las castañas producidas, lo que reduce el número de semillas disponibles para la germinación y el crecimiento. Pero quizás, muchas de estas semillas caigan de los tractores usados para la extracción, o puede ser la intensa presión de caza en el área la que reduce el número de depredadores de semillas, incrementando así el número de semillas viables, en por

lo menos una parte del bosque. Sugerimos estudios en mayor detalle de la reproducción de la castaña, así como la protección de los bosques de tierra alta en esta zona. Esta situación única puede rendir información potencialmente valiosa para los castañeros y la industria de la castaña a través de Bolivia.

En los bosques bien drenados de tierra alta la existencia de la palmera *Chelyocarpus chuco* era notable pues aquí está en o cerca de su límite occidental de su distribución. Hacia el oeste y hacia el norte la misma es reemplazada por otras especies, *C. ulei*, que es común hacia el norte a través de Ecuador. Otra palmera, *Oenocarpus distichus*, de imponente apariencia (Figura 3B) y notable en las pampas, también se encontraba al limite oeste de su extensión.

Las pampas mismas, en todos los estados de regeneración, son habitantes únicos y significantes de Pando, siendo esta la extensión más al norte de este tipo de hábitat en Bolivia (y adyacente a Brasil.) Este tipo de hábitat "salta" del rió Beni pero parece no cruzar el rió Madre de Dios hacia el norte y el oeste.

En una de las pampas, nos sorprendimos al encontrar *Caryocar brasiliensis*. Este debe ser el registro que se encuentra más al norte y al oeste de esta especie. La presencia de *C. brasiliensis* sugiere que las condiciones de hábitat aquí tienen algo en común con la vegetación de cerrado. Esta especie puede ser una rara representante de las pampas justo al lado este del río Beni, el que por nuestras previas observaciones tiene un alto porcentaje de especies de cerrado.

La muy común *Qualea albiflora* (Vochysiaceae) dominaba muchas de las pampas arboladas que examinamos y ha sido recolectada tan solo una vez anteriormente en Bolivia, por R. Foster cerca de Guayanamerín. Por lo tanto, es un nuevo registro para Pando y está posiblemente cerca del borde occidental de su rango. También observamos esta especie en las pampas arboladas en el lado oriental del rió Madera durante nuestros viajes entre las zonas de inventario.

Los helechos de *Schizaea* en los bosques bajos de las pampas arboladas al norte de Naranjal parecían una anomalía a una altitud tan baja. Su incidencia se debe probablemente a suelos muy pobres, ácidos y de pobre drenaje, condiciones similares a las encontradas en los hábitats de altura húmedos de los Andes (donde vimos similares *Schizaea*), pero necesitamos confirmar las identidades y las distribuciones de las dos especies antes de poder decir algo más.

PLANTAS IMPORTANTES PARA LA VIDA SILVESTRE

Los bosques bien drenados de tierras altas, contenían varias especies de Moraceae (bibosis o higos), Fabaceae (legumbres), y Aracaceae (palmeras) que proveen frutas y semillas comestibles para los animales silvestres. Sin embargo, a diferencia de los bosques de tierras altas en el occidente de Pando que inventariamos en 1999, las poblaciones de árboles que proveen alimento y fibra a los animales silvestres y humanos en el Área de Inmovilización Madre de Dios, no parece haber mejorado significativamente por la intervención humana a largo plazo, con la excepción de la castaña.

En las pampas vimos mucho menos especies que proveían grandes cantidades de alimento a la fauna silvestre. Unas cuantas especies de palmera también estaban presentes y eran relativamente comunes, y varias especies de Melastomataceae y Rubiaceae producían frutos carnosos y comestibles.

HISTORIA INFERIDA DEL USO HUMANO

Según Antonio Sosa E., quien nos acompañó y que ha trabajado en el área por 5 años, los caminos que usamos en el área de Cotoca fueron construidos aproximadamente hace 40 años para transportar maderas preciosas a la carretera principal y a los afluentes de los ríos Beni y Madre de Dios. Desde ese entonces, una gran parte de estos bosques de altura no ha sido perturbada, excepto por la caza. Por lo tanto, la pérdida total de especies de plantas parece ser mínima en la región, sin embargo poblaciones de muchas especies han sido bastante alteradas.

La extracción de madera y otros productos forestales en los alrededores inmediatos de las barracas y otros asentamientos es relativamente intensa, como se puede ver en las imágenes de satélite. En otras partes del bosque, árboles individuales de valor, como la *Amburana* (Fabaceae, conocida localmente como tumi o roble) o *Cedrela* (Meliaceae, cedro), son escasos. Se encuentran y frecuentemente están marcados cuando tienen todavía menos de 50 cm de diámetro y luego son extraídos estacionalmente. En el presente, el efecto neto de esta tala selectiva en la calidad del bosque parece pequeño con la excepción de que los caminos facilitan la caza. Sin embargo esperamos ver consecuencias más severas, si más caminos adicionales sean construidos.

Casi cada árbol de castaña que vimos estaba cosechado. En cambio, vimos árboles de goma (*Hevea brasiliensis*, Euphorbiaceae) dispersados a través del bosque, pero los árboles sólo tenían cicatrices antiguas.

AMENAZAS Y RECOMENDACIONES

En los bosques bien drenados de tierras altas, la mayor amenaza es la eliminación completa del dosel del bosque para la agricultura o la ganadería. Si es que ésta ocurre, la transformación del bosque causará la pérdida local (extirpación) de algunas especies de plantas, una gran reducción en el número de árboles individuales que proveen alimentación a animales silvestres y a seres humanos en el área, e incrementará significativamente la erosión del suelo. Por esta razón, recomendamos que la actual cobertura del bosque sea mantenida y que se tenga cuidado de no llevar especies económicamente importantes maderables a la extirpación local, a través de la cosecha excesiva. También recomendamos enfáticamente un estudio de la biología de población de las castañas para entender mejor su excepcional éxito reproductivo en estos bosques.

En las pampas, las amenazas incluyen (1) conversión a pastizales para la ganadería, (2) la quema excesiva, (3) muy poca quema, y (4) la introducción de especies exóticas de pastos para el pastoreo. La tercera amenaza—falta de incendio al que el ecosistema está adaptado—es comparable a la pérdida de los hábitats de pradera y sabana en los estados del Medioeste en los Estados Unidos cuando los colonizadores empezaron a suprimir las quemas naturales en los 1880s. Tal vez nunca sabremos el grado en que los humanos influenciaron el régimen histórico de quemas en estas pampas, pero podemos predecir que si los incendios son contenidos, la diversidad se erosionará lentamente a través de la pérdida de especies que favorecen condiciones abiertas.

Recomendamos un estudio para documentar la velocidad a la que las pampas no expuestas a la quema son recolonizadas por vegetación leñosa y se convierten en pampas arboladas o chaparrales. También recomendamos un estudio para determinar si el pastoreo por ganado es un sustituto de la quema para mantener las especies adaptadas a las condiciones de pampas abiertas, o alternativamente, una seria causa de la perdida de especies dentro de las pampas.

ANFIBIOS Y REPTILES

Participantes / Autores: John E. Cadle y Marcelo Guerrero

Objetos de Conservación: Herpetofauna representativa de la Amazonía suroccidental junto con los hábitats húmedos de sotobosque que los mantienen

MÉTODOS

Hicimos un muestreo de la región boscosa cerca de Cotoca (del 7 al 12 de julio del 2002). Las coordenadas y descripciones generales de estos sitios se presentaron en la sección Descripción de los Sitios Muestreados, arriba.

Usamos principalmente los métodos de muestreo por transectos e muestreos por encuentros aleatorios para inventariar los anfibios y reptiles. También instalamos una trampa "drift-fence/pitfall," de 60 m de largo, usando baldes de 35 cm de profundidad espaciados a intervalos de 6 m. La línea de trampa fue puesta en un área boscosa mínimamente alterada cerca del campamento. Tratamos de obtener especímenes voucher para todas las especies encontradas a excepción de los cocodrílidos, los mismos que fueron fotografiados. Sin embargo, algunas especies sólo fueron registradas por vista, o en el caso de las ranas por sus cantos,

como se indica en el Apéndice 2. Caminamos los senderos durante los muestreos matutinos y vespertinos. Además nos enfocamos en tipos específicos de hábitats, como charcas, arroyos y ríos, que podrían ser utilizados por anfibios y reptiles. Se depositaron especímenes voucher en el Museo de Historia Natural "Pedro Villalobos" (CIPA, Cobija), la Universidad Nacional de Pando (Cobija), y el Museo de Historia Natural "Noel Kempff Mercado"(Santa Cruz). Muestras representativas serán, por último, depositadas en el Field Museum (Chicago).

Nuestros métodos de muestreo no proporcionaron resultados que puedan ser interpretados como medidas cuantitativas de la abundancia relativa de ciertas especies. Porque hicimos las observaciones durante la época seca, el período menos favorable para la actividad de la mayoría de los anfibios y reptiles en la región, no detectamos ciertas especies que estamos razonablemente seguros son comunes o abundantes elementos de la fauna observada. Además, evaluar confiablemente la abundancia relativa de la mayoría de las herpetofaunas de selvas tropicales requiere mediciones repetitivas de relativa abundancia en el mismo sitio, durante largos períodos de tiempo, dada la fuerte dependencia de la actividad de reptiles y anfibios de las variables microclimáticas a pequeña escala espacial.

RESULTADOS

Registramos 19 especies de reptiles (8 culebras, 10 lagartijas, y un cocodrílido) y 19 especies de anfibios (todas ranas) en el sitio de estudio (Apéndice 2). Todas las especies con la excepción de una largartija (*Pantodactylus schreibersii*) eran de hábitats de bosque. Hicimos tan sólo un breve reconocimiento de las pampas en el área debido a la extrema sequedad. Tan sólo un espécimen (*Bachia* sp.) fue obtenido a través de las trampas instaladas (*pitfall traps*) y otro espécimen de esta especie fue obtenido a través de hallazgo al azar debajo de un tronco pequeño en estado de descomposición. Todas las especies que registramos son elementos comunes de la herpetofauna en la Amazonía suroccidental y han sido registrados en otros sitios bien inventariados al sureste

Peruano (Parque Nacional Manu, Reserva Tambopata, Cuzco Amazónico [Rodríguez y Cadle 1990, Morales y McDiarmid 1996, Duellman y Salas 1991, R. McDiarmid com. pers.]) y en el norte de Bolivia (Reserva Nacional Manuripi [L. Gonzáles com. pers.]). Muchas son especies amazónicas bien distribuidas que son encontradas por ejemplo en la región de Iquitos en el Perú (Dixon y Soini 1986, Rodríguez y Duellman 1994); Santa Cecilia, Ecuador (Duellman 1978); o Manaus, Brasil (Zimmerman y Rodrigues 1990). Las especies de anfibios o reptiles que observamos no son endémicas locales o regionales. La fauna es característica de otras áreas del norte de Bolivia y sudoeste del Perú (Cadle y Reichle 2002.)

Dado a que estábamos haciendo un muestreo durante la época seca, detectamos sólo una pequeña porción de los anfibios y reptiles esperados para el área muestreada. La actividad de las ranas era especialmente baja, manifestándose a través de pocos individuos activos, pocas especies vocalizando, y la ausencia de masas de huevos o renacuajos en los hábitats acuáticos. Juzgando a partir de lugares inventariados más intensivamente en el suroeste de la Amazonía, sospechamos que la herpetofauna total para el área de estudio de Madre de Dios podría llegar a 140 a 160 especies (aproximadamente 80 especies de reptiles y de 60 a 80 especies de anfibios). Nuestro inventario rápido probablemente detectó sólo 25 a 30% de las especies de ranas y 25% de los reptiles esperados. Más inventarios de reptiles y anfibios deben ser realizados durante la época de lluvias, y se debe prestar atención especial a los hábitats de las pampas, ya que estos son los hábitats más propensos para refugiar endémicos locales o regionales de la herpetofauna.

Todas las especies que observamos o recolectamos son características de los hábitats de bosque. No muestreamos las pampas en la región por dos razones. Primero, las pampas son hábitats abiertos y están más sujetas a los efectos de la época seca que los bosques adyacentes. Nuestra estimación inicial de la falta de humedad en las pampas sugirió que nuestro tiempo podía ser usado más productivamente muestreando los bosques adyacentes. Segundo, la falta de caminos u otras formas de acceso a las pampas hizo que un muestreo de organismos pequeños y misteriosos como los anfibios y los reptiles sea mucho más dificultoso debido a que estos hábitats tienen una cobertura densa de vegetación herbácea y leñosa. Sin embargo, creemos que futuros muestreos de la herpetofauna de esta región deberían poner mayor atención a las pampas (ver las recomendaciones para la investigación, abajo).

AMENAZAS Y RECOMENDACIONES

La herpetofauna representada en nuestra muestra no sugiere ningún tipo de importancia del área en términos de la conservación de reptiles y anfibios. Ninguna de las especies observadas fue reconocida como en vías de extinción regionalmente o internacionalmente. Otros lugares en la región de Pando probablemente tienen herpetofaunas por lo menos tan intactas como las representadas en Cotoca, y muchas están probablemente menos alteradas por la caza y la tala. No obstante, estudios futuros deberán enfocarse específicamente en las pampas de la región para asesorar el endemismo y la riqueza de las especies de estos hábitats que no inspeccionamos.

La mayor amenaza para el mantenimiento de esta agrupación de herpetofauna es la alteración de los bosques y el desmonte, aunque no podemos especificar o cuantificar estos efectos en detalle. La influencia más dañina para la alteración de los bosques, en cuanto a lo que herpetofauna concierne, es una desecamiento de los microhábitats del bosque (p. ej., las capas de hojarasca) que son muy importantes para muchas de las especies de anfibios y reptiles. Cualquier manejo de estos bosques debería hacer hincapié para mantener regímenes de luz, temperatura y humedad más o menos intactos en el sotobosque, en la hojarasca, y en la superficie del suelo.

NECESIDADES Y OPORTUNIDADES PARA INVESTIGACIONES FUTURAS

Los muestreos a largo plazo de la herpetofauna son escasas en la mayor parte de la Amazonía. Aunque varios sitios han sido muestreados dentro de la zona suroeste de la Amazonía, la escala microgeográfica de la distribución de algunas especies indica que podemos aprender mucho de los muestreos en nuevas regiones. Obviamente, para los anfibios y reptiles, estas observaciones deberían llevarse a cabo en las estaciones más favorables para la actividad (i.e., época de lluvias).

Necesitamos entender los efectos de las alteraciones en algunas especies de anfibios y reptiles. Este fenómeno ha sido estudiado solamente en la Amazonía en las proximidades de Manaus, Brasil (Zimmerman y Rodrigues 1990). Estos estudios deben ser replicados, especialmente con los diferentes tipos de bosques que están presentes en el suroeste amazónico pero no en la Amazonía central. Registros históricos de alteraciones en los bosques de Pando ofrecen una oportunidad para evaluar estos efectos en especies individuales de anfibios y reptiles.

Objetivos específicos para futuros inventarios e investigación, y otras oportunidades especiales, son necesarios para las pampas en la región muestreada de Madre de Dios. Las pampas son las menos conocidas, herpetológicamente, de todos los hábitats en el norte de Bolivia y el sur del Perú. Esto provee una fuerte motivación para hacer en ellas un inventario minucioso. Estos hábitats son también los más propensos a hospedar anfibios o reptiles endémicos locales o regionales. Es más, las pampas ofrecen una gran oportunidad para conducir un estudio multifactorial de los efectos de la fragmentación de hábitats y otros factores en la composición de herpetofaunas locales. Las pampas son, en esencia, islas rodeadas por un mar de bosques. Varían en tamaño, cobertura vegetal, frecuencia de quemas, frecuencia y duración de inundaciones, y muchas otras características. Ambas la "teoría de biogeografía de islas" y sus resultados empíricos pueden ser aplicados a la serie de islas de pampas en el norte de Bolivia y el sur del Perú. Además de su considerable valor empírico y teórico, un estudio de las características mencionadas tendría implicaciones directas en la conservación, a causa de que los efectos de los varios niveles y tipos de alteración de las

comunidades de herpetofauna podrían ser medidos y aplicados al manejo de estos ecosistemas. Este tipo de enfoque debería también de ser aplicable en otros organismos, además de anfibios y reptiles, que sean razonablemente sedentarios y con poca probabilidad de cruzar expansiones de bosque para alcanzar otras islas de pampa (p. ej., plantas con una capacidad de dispersión limitada, y ciertos insectos).

AVES

Participantes / Autores : Brian O'Shea, Johnny Condori, y Debra Moskovits

Objetos de Conservación : Aves mayores cazadas para comida y medicina; aves de pampa; loros

MÉTODOS

Del 7 al 12 de julio del 2002, caminamos senderos y caminos en y alrededor del Área de Inmovilización Madre de Dios para localizar e identificar aves. Los observadores generalmente caminaban solos, y no se desplazaron lejos de los sitios a causa de la corta duración de nuestras visitas. Concentramos nuestro trabajo de muestreo en los bosques a lo largo del camino cerca de nuestro Campamento de Cotoca y pasamos todas nuestras madrugadas ahí. En los días que viajábamos por vehículo a sitios alejados de nuestro campamento, O'Shea y Condori salían del campamento mucho antes de que amanezca, caminando camino abajo en la dirección en la que íbamos a viajar, para ser luego recogidos por el resto del equipo, más o menos una hora después de la salida del sol. En estos días, generalmente no regresábamos al campamento hasta después del anochecer, pero si aún había un poco de luz disponible a nuestro retorno, O'Shea caminaba el camino hasta el atardecer.

Nunca llegábamos a las pampas antes del medio día, cuando la actividad de las aves había casi terminado, pero tratamos de localizar aves en estas áreas caminando por senderos y caminos disponibles.

También caminábamos a lo largo de los bordes entre pampas y bosques altos y, al final de las tardes, a través de las pampas mismas. En todos los casos estábamos limitados en nuestra cobertura por el tiempo—algunos sitios fueron tan sólo por unas cuantas horas—y consecuentemente por la necesidad de quedarnos relativamente cerca de nuestros vehículos.

Todos los observadores de campo llevaban binoculares, y O'Shea llevaba una grabadora con un micrófono direccional para grabar los sonidos de los pájaros.

RESULTADOS

Observamos 241 especies en las zonas de estudio en Madre de Dios. De estas especies, registramos 210 del bosque cerca de Cotoca y hacia el sur y 81 de las pampas y las islas y bordes de bosques asociados. La avifauna de bosque parecía incompleta para el suroeste de la Amazonía.

Anotamos muchas bandadas mixtas de cazamoscas y tángaras en el dosel, algunas de las cuales eran muy ricas en especies. En varias ocasiones, registramos bandadas que contenían más de 40 especies. Especies comunes en estas bandadas incluían *Ancistrops strigilatus*, *Myrmotherula sclateri*, *Tolmomyias poliocephalus*, *Hylophilus hypoxanthus*, y *Tachyphonus cristatus*. En contraste, observamos pocas bandadas del sotobosque y muchas especies de Thamnophilidae y Furnariidae que ocurren en este tipo de bandadas en otras regiones parecían raras o ausentes. Por ejemplo, *Automolus ochrolaemus* no era común, y anotamos *Thamnomanes ardesiacus* en tan sólo dos ocasiones y nunca en asociación con otras especies. *Habia rubica*, una especie altamente vocal que usualmente forma un núcleo en las bandadas del sotobosque no fue detectada. Encontramos poca evidencia de hormigas guerreras, pero registramos *Gymnopithys salvini*, un seguidor obligatorio de estas.

La tala que ha ocurrido en y alrededor del Área de Inmovilización puede haber afectado la estructura de los bosques para hacerla inadecuada para las especies usualmente asociadas con el oscuro sotobosque de los bosques primarios. La retención de grandes árboles de castaña, combinada con un estrato medio bien desarrollado, parece proveer a las aves del dosel con un hábitat aceptable, aunque notamos algunas ausencias inesperadas. Por ejemplo, *Pitylus grossus* y *Lanio versicolor*, dos especies que son típicamente miembros comunes de bandadas mixtas del dosel en la región sur de la Amazonía, no fueron detectadas en el área.

Las especies de aves usualmente cazadas en la Amazonía fueron raras en nuestros sitios de estudio. Lo más sorprendente fue la poca abundancia de palomas terrestres (*Geotrygon*, *Leptotila*); las escuchamos en muy pocas ocasiones y vimos tan sólo una, espantada por nuestro vehículo a lo largo de la ruta cerca a Campamento de Cotoca. La presencia de gran tinamus (*Tinamus*) fue también rara, con tan sólo una especie encontrada; nunca vimos una, y las escuchamos tan sólo ocasionalmente, siempre tarde por la noche (entre medianoche y las 5:00 a.m.). *Penelope*, un gran guan que es intensamente buscado como alimento, también fue escaso; tan sólo vimos una, aunque escuchábamos una o dos diariamente al amanecer. No encontramos evidencia de guacos (*Crax*). Grandes loros, particularmente guacamayas (*Ara*), fueron muy escasas. Casi cada persona local encontrada a lo largo de los caminos llevaba una escopeta o un rifle, y frecuentemente una bolsa de presas recién cazadas (Figura 4D). La poca frecuencia de estas especies de aves (o tal vez su excesiva timidez), combinada con nuestras observaciones de la caza por la gente local, sugiere que la presión de caza es muy fuerte sobre las grandes aves de bosque en esta área.

La más notable especie de bosque que encontramos en nuestro muestreo fue *Morphnus guianensis*, un ave de rapiña que requiere grandes áreas de bosque intacto y poblaciones sanas de su presa preferida (mamíferos arbóreos pequeños y medianos) para sobrevivir. Su presencia fue sorprendente dado el estado de alteración del bosque y la aparente baja población de grandes aves y mamíferos. Desgraciadamente, el único individuo que encontramos fue un polluelo que fue matado por un cazador local, aparentemente con propósitos medicinales.

La avifauna de las pampas no fue examinada adecuadamente. Nunca llegamos a los lugares de estudio antes del mediodía y usualmente regresábamos al campamento base a mitad de la tarde. Por lo tanto, nosotros examinamos las pampas cuando las aves residentes estaban menos activas, y las brisas fuertes durante el mediodía impedían aún más nuestros esfuerzos de observación. Como resultado, registramos relativamente pocas especies en estas áreas. El 10 de julio, inventariamos una parcela de pampa cerca de Naranjal hasta el atardecer. A pesar de las condiciones poco óptimas durante nuestras observaciones, registramos varias especies esperadas en las pampas pero no en los paisajes de bosque de la región. Todas estas especies (excepto *Schistochlamys*) son nuevos registros para el Departamento de Pando: *Gampsonyx swainsonii*, *Micropygia schomburgkii*, *Formicivora grisea*, *Elaenia cristata*, *Tyrannus albogularis*, *Xenopipo atronitens*, *Schistochlamys melanopis*, y *Ammodramus humeralis*. La presencia de estas aves indica que varias especies que habitan en las sabanas han colonizado las parcelas relativamente pequeñas y aisladas de las pampas en Madre de Dios, presumiblemente de las más grandes sabanas hacia el sureste, en los Departamentos de Beni y Santa Cruz. Sin embargo, no encontramos otras especies sobresalientes que sean características de Beni. Estas especies incluyen *Xolmis cinerea* y *Nystalus chacuru*, que han sido registrados en las aún más aisladas y grandes, Pampas del Heath en el Perú. Dada la aparente ausencia de estas especies, cuestionamos la habilidad de las pampas de Madre de Dios para sustentar una gama representativa de especies de sabana obligatorias, especialmente aquellas que son típicamente asociadas con las sabanas húmedas (todas las áreas observadas eran muy secas). Un muestreo más minucioso de las características de las pampas de Pando es necesario antes de que podamos llegar a conclusiones más concretas con respecto a su valor para la conservación de las aves.

AMENAZAS Y RECOMENDACIONES

La avifauna de Madre de Dios enfrenta amenazas de la caza y la degradación del hábitat. Recomendamos un inventario más minucioso de las pampas, así como el monitoreo de las poblaciones de aves de caza y loros. Un estudio de las respuestas de la comunidad de aves del sotobosque a la maduración del bosque también sería de interés. Finalmente, la educación de los residentes locales puede reducir la matanza de animales para la elaboración de medicinas populares poco o nada efectivas.

MAMÍFEROS GRANDES

Participantes/Autores: Sandra Suárez y Gonzalo Calderón

Objetos de conservación: CITES I y II especies, y los mamíferos grandes

MÉTODOS

Inventariamos mamíferos grandes diurnos y nocturnos con una combinación de métodos, incluyendo observaciones visuales y otras pistas secundarias como olores distintivos, huellas, vocalizaciones, nidos o madrigueras, y otros rastros dejados como marcas de masticado, agujeros, orina, y heces. Esta información fue recolectada caminando a lo largo de transectos y caminos entre las 6:30 a.m. y las 6:30 p.m., para la información de los mamíferos diurnos, y entre las 6:30 p.m. y las 12:15 a.m. para los nocturnos. Completamos 48.5 horas de observación en tres días. Visitamos los siguientes lugares: Campamento de Cotoca y zonas aledañas (22.75 h); Camino de Cotoca Hacia el Sur (8 h); Pampa de Blanca Flor (8 h); Pampa Arbolada Naranjal Noroeste y Pampas Abiertas Naranjal Este (9.75 h). Los registros de otros sitios son basados en las observaciones de otros biólogos.

Para complementar este método sencillo de observación, creamos "trampas de huellas" a lo largo de un transecto en Cotoca. Estas trampas fueron producidas limpiando todas las hojas y desechos orgánicos de un área a lo largo de un transecto y cerniendo aproximadamente 1 cm de tierra sobre el claro usando una malla tamiz plástico con perforaciones de 2 mm. Hicimos 14 trampas aproximadamente 100 m aparte, cada una midiendo aproximadamente 50 por 100 cm. Estos honduras se revisaban una vez cada

24 horas para identificar huellas de animales. Desafortunadamente este método no resultó ser muy efectivo ya que la mayoría de las huellas de animales fueron registradas a lo largo de las orillas de arroyos, caminos y revolcaderos de lodo.

Cada grupo o animal solitario registrado fue contado como un registro, y fuimos cuidadosos de contar sólo una vez el mismo grupo o animal visto por varios observadores. Para las huellas, contamos una por sitio, revolcadero, orilla de arroyo, o foso de lodo a lo largo del camino. Si un animal o grupo de animales o varios grupos de animales dejaron huellas en el área, anotamos un registro, pues no podíamos distinguir entre las huellas de individuos o reconocer la edad de las huellas, las que en la mayoría de los casos estaban secándose. Por lo tanto, creemos que nuestros registros subestiman los números actuales de individuos presentes.

Estimamos abundancia por grupo taxonómico basándonos en los números de registros durante nuestro inventario de campo. Las cinco categorías de abundancia son las siguientes en orden descendiente: abundante, más común, común, menos común, y rara. Las especies esperadas pero no registradas fueron listadas como tales. Estas categorías son amplias y toman en consideración la abundancia esperada del animal en cuestión y si los registros se basan en observaciones o evidencia secundaria.

"**Abundante**" describe especies observadas comúnmente o que pueden ser difíciles de observar, con evidencia secundaria muy común.

"**Más común**" describe especies observadas en ocasiones, o cuya evidencia secundaria es común.

"**Común**" se refiere a animales que no son difíciles de ver, o cuya evidencia secundaria normalmente está presente en la zona, pero no de manera tan extensa como las de las especies "más comunes."

"**Menos común**" es una categoría que incluye especies que no son observadas normalmente, pero que son registradas más de una vez.

"**Rara**" es utilizado para especies que generalmente no se observan pero que fueron registradas por lo menos una vez.

Pusimos algunas especies en diferentes categorías, a pesar de que fueron registradas casi el mismo número de veces, al comparar su abundancia en los sitios de inventario rápido con su abundancia en otras partes de la región. Por ejemplo, jochis (*Dasyprocta variegata*) son abundantes en la mayoría de las regiones de Pando pero son agresivamente cazadas en los sitios de estudio de Madre de Dios. No vimos ninguno, y registramos tan sólo cuatro registros basados en huellas, así que estimamos que su abundancia es "menos común." Por otra parte, registramos tigrecillos (*Leopardus pardalis*) cinco veces, y tres de estos registros fueron observaciones visuales. Puesto que los tigrecillos no son comúnmente vistos en otras partes de la región, categorizamos a estos animales como "comunes" en Madre de Dios.

RESULTADOS

Registramos 23 especies de mamíferos grandes en Madre de Dios, la mitad de las 46 especies que esperábamos en el área. Nuestras expectativas se basaron en las observaciones hechas en otras áreas de Pando y en mapas de distribuciones en Emmons (1997). La mayoría de nuestros registros provienen de huellas, con muy pocas observaciones visuales de mamíferos grandes durante el inventario. En comparación con el resto de Pando y otras regiones amazónicas, el área parece tener una baja densidad y riqueza de especies de mamíferos grandes (en particular primates, los que son muy comunes y ricos en especies en Pando). Registramos tan sólo 5 de un total de 10 especies de primates, de las cuales las más comunes eran el mono negro (*Cebus apella*), que fue observado sólo tres veces durante el inventorio (incluyendo una observación en la mochila de un cazador). Hasta primates pequeños, como los chichilos (*Saguinus fuscicollis*) y los monos nocturnos (*Aotus nigriceps*), que son abundantes en todo Pando, fueron muy escasos en los sitios de inventario de Madre de Dios.

Pequeños gatos, incluyendo tigrecillos (*Leopardus pardalis*) y hasta algún punto gatos (*L. wiedii*), fueron los únicos grandes mamíferos que resultaron ser más comunes de lo esperado. Los observamos varias veces. La razón de su alta densidad aparente no es clara, pero puede que se deba a la abundancia de presas de caza. Aunque los mamíferos pequeños no fueron formalmente inventariados, notamos un gran nivel de actividad nocturna de pequeños roedores (Muridae y Echimyidae) y carachupas (Didelphidae), los que son las presas principales de *Leopardus*.

Especialmente escasos fueron los mamíferos más comúnmente cazados por humanos. Éstos incluyen todos las especies de gran tamaño, tales como venados (*Mazama* spp.), antas (*Tapirus terrestris*), sajinos (*Tayassu* spp.), y grandes primates como los marimonos (*Aloutta sara*). Hasta pequeños mamíferos, tales como jochis (*Dasyprocta variegata*) y jochis pintados (*Agouti paca*), que son usualmente abundantes en Pando a pesar de la caza, fueron relativamente raros en los sitios observados en Madre de Dios. Registramos estas especies primeramente por sus huellas. Dado la alta frecuencia en la que vimos animales cazados por humanos en el corto tiempo que estuvimos en Madre de Dios (Figura 4D), sospechamos que la primera razón de las pocas densidades es la caza excesiva. Observaciones similares fueron hechas para especies de aves de gran tamaño comúnmente cazadas (ver Aves, arriba).

AMENAZAS

La poca abundancia y densidad de los mamíferos grandes en Madre de Dios puede deberse en parte a la historia natural del área, donde las pampas abiertas y pampas en varios estados de crecimiento secundario quizás reducen la colonización por mamíferos de bosque de gran tamaño. Las talas de 30 a 40 años atrás pudieron haber reducido la población de mamíferos de gran talla, sin embargo otras áreas taladas de Pando no poseen densidades tan dramáticamente bajas, y poblaciones de mamíferos podrían haberse recuperado, al menos parcialmente, después de tantos años.

Aunque la destrucción de hábitats es una amenaza para los mamíferos de gran talla en todas partes, no parece ser una amenaza fundamental para estas poblaciones. En el presente, ni grandes pastizales ni desarrollos agrícolas caracterizan la región.

Creemos que la amenaza más importante para los mamíferos de gran talla en el área es la caza intensa. Con un mercado cercano local para carne de monte, y una fuerte demanda de proteína animal por los habitantes locales, la densidad de estos mamíferos ha sufrido. Si las poblaciones de mamíferos de gran tamaño fueron deprimidas por la tala o limitadas por la historia natural del área antes de la llegada de asentamientos humanos, posiblemente no podrán recuperarse a causa de la presión intensa de caza ahora ejercida por los habitantes de la región.

RECOMENDACIONES

Recomendamos esfuerzos educativos dedicados al manejo de los recursos naturales y dirigidos a las comunidades locales. Las primeras preocupaciones deberían ser la caza y programas para proveer fuentes de proteína a largo plazo. Si los residentes entienden las severas consecuencias del consumo de carne de monte a largo plazo, tendrán los fundamentos para cambiar su comportamiento y para asegurar fuentes de proteína para ellos mismos y futuras generaciones. El peligro para las poblaciones de mamíferos presentados por el mercado local por carne de monte está sin duda ligada a la falta de alternativas económicas para los habitantes locales. Cualquier programa desarrollado e implementado en la región debe de considerar alternativas concurrentes con los temas de conservación.

Para un entendimiento más detallado de los mamíferos de esta región recomendamos más inventarios, particularmente en las áreas de las pampas, donde no pudimos inventariar por la noche. Sería también interesante estudiar los pequeños roedores (Rodentia) en las pampas. Un inventario de pequeños mamíferos es necesario para entender en su totalidad las poblaciones de mamíferos en Madre de Dios. Los roedores nocturnos eran moderadamente a altamente abundantes en las áreas boscosas. Estas poblaciones deben ser evaluadas como un objeto de conservación y la riqueza de sus especies debe de ser estimada.

COMUNIDADES HUMANAS

Participantes/Autores: Alaka Wali y Mónica Herbas

Objetos de Conservación: Cosecha de castaña como una actividad económica principal, fuentes de madera y proteína (incluyendo animales de caza) en el largo plazo

Desde el 25 al 27 de julio del 2002, visitamos tres comunidades: Blanca Flor, la sede municipal de San Lorenzo; y Naranjal y Villa Cotoca, ambos de los cuales se encuentran en el área solicitada para el estatus de Tierra Comunitaria de Origen (TCO, la designación que provee el estatus legal de tierras indígenas.) Porque sólo tuvimos tres días para la visita, entrevistas con informantes clave y reuniones comunitarias en cada aldea fueron las fuentes de información reportadas en el presente informe.

HISTORIA

Las tres comunidades comparten una historia común. En la primera parte del siglo veinte, las elites acaudaladas establecieron barracas para la cosecha de goma y castaña y trajeron trabajadores de otras partes de Bolivia, incluyendo indios Tacana de la región de Ixama del Departamento de La Paz (que vinieron durante los 1940s), así como indios Ese-Eja y gente del Departamento de Beni. Entre 1950 y 1980, la economía basada en la goma y la castaña colapsó y en gran parte los dueños de las haciendas abandonaron sus operaciones, dejando a los trabajadores sólos y valiéndose por sí mismos. Gradualmente, las comunidades se organizaron y obtuvieron personería jurídica (estatus legal como comunidad incorporada): Blanca Flor (se fundó en la barraca de Nicolás Suárez) obtuvo su estatus en 1953, Naranjal y Villa Cotoca en 1995.

A finales de los 1990s, la comunidad de Naranjal, junto con otras comunidades indígenas en el municipio, decidieron solicitar al gobierno nacional la designación de TCO. La comunidad demandó las tierras previamente propiedad de la Empresa Hecker, en ese entonces una empresa familiar prominente. La solicitud sigue pendiente mientras las comunidades indígenas y el gobierno de la municipalidad tratan de reconciliar una disputa sobre los límites de la TCO. Villa Cotoca se adhirió a la petición sólo muy recientemente (en mayo del 2002), porque inicialmente no estaban seguros si se constituían en una comunidad indígena, dado a que tienen una población mixta.

DEMOGRAFÍA

La Municipalidad de San Lorenzo, de la que Blanca Flor es sede municipal, incluye 33 comunidades, de las cuales 11 se consideran primeramente indígenas (Tacana, Ese-Eja, y Cobiana). Blanca Flor tiene aproximadamente 450 habitantes, Naranjal tiene 197, y Villa Cotoca 91 (según los líderes en cada comunidad). Las tres comunidades tienen los mismos patrones de asentamiento, con la mayoría de las casas concentradas en un mismo lugar y unas cuantas dispersadas en las afueras del asentamiento. Blanca Flor (Figuras 4E, 4F) tiene una plaza central, la que al tiempo de la visita consistía principalmente de un gran campo cubierto de pasto (suficientemente grande como para aterrizar una avioneta), sin embargo una plaza más formal se encuentra en construcción. Rodeando el campo principal se encuentran las oficinas municipales, algunas residencias, y la clínica, la que fue construida en el 2000 y posee capacidad para albergar pacientes internos. La escuela se encuentra a un extremo del campo central. Varios riachuelos pequeños corren a través de la aldea, los mismos proveen agua potable y son usados para bañarse y lavar ropa. Naranjal, que se encuentra también cerca de un río, está situado más o menos a 20 km de Blanca Flor a lo largo de la carretera principal entre Cobija, Sena y Riberalta. No posee una plaza principal y las casas en su mayoría tienen techos de paja. Villa Cotoca se encuentra aproximadamente a 14 km al oeste de Naranjal en la carretera entre Naranjal y Sena. Parece ser una aldea mucho más pequeña que las otras dos y se encuentra a corta distancia de la carretera, con unas cuantas casas al otro lado de la misma. En la misma un campo cubierto de pasto funciono como cancha de fútbol.

En los últimos diez años, la aparente inmigración ha incrementado debido a la apertura de la carretera entre Riberalta y Cobija. La mayoría de los inmigrantes son del Departamento de Beni. Aunque sólo 11 de los asentamientos en la municipalidad son comunidades indígenas autodenominadas, casi todas las comunidades son multi-étnicas, según el alcalde de Blanca Flor. El alcalde mencionó que en las otras comunidades existe una reticencia a reconocer la herencia indígena de la gente.

ECONOMÍA

La economía de las tres comunidades se basa primordialmente en la horticultura de subsistencia. La principal fuente de ingreso para la mayoría de la gente es la venta de castaña. Fuentes secundarias de ingreso son la venta de arroz y frutas provenientes de las parcelas y aparentemente de la venta de carne de animales de caza (principalmente en Naranjal y Villa Cotoca). No conocemos la magnitud del comercio de carne de monte, o cuanto ingreso genera, pero el equipo biológico observó cazadores cargando presas frescas cada día en el campo. Una tercera fuente de ingreso es el trabajo temporero en las haciendas cercanas dispersas a lo largo de las carreteras (esto parece aplicar más a los residentes de Blanca Flor), pero no pudimos determinar el número de fincas ganaderas en la municipalidad. Adicionalmente, en Blanca Flor algunos residentes trabajan a tiempo completo para el gobierno municipal y muy posiblemente no poseen parcelas hortícolas. La mayor parte de la venta de productos ocurre en los intercambios con empresarios de Riberalta. Los residentes de las comunidades viajan a Riberalta y venden sus productos ahí, o los intermediarios vienen de Riberalta para comprar productos de los miembros de la comunidad. Conocimiento de, o intercambio con, Cobija daba la impresión de no ser extensivo. Los residentes de Blanca Flor parecen trabajar primeramente en unidades familiares nucleares. Residentes de Naranjal y Villa Cotoca mencionaron que hacían el trabajo hortícola comunalmente.

Particularmente en Blanca Flor, las ocupaciones y las especializaciones son diversas. Naranjal y Villa Cotoca, que son más pequeñas y más orientadas hacia la horticultura de subsistencia, no parecen tener los mismos niveles de diversidad ocupacional.

ORGANIZACIÓN SOCIAL E INFRAESTRUCTURA

Las tres comunidades se orientan todas administrativamente a la municipalidad. Ahora que Naranjal y Villa Cotoca se han unido en la petición del TCO, también trabajan con la organización primaria que representa a las comunidades indígenas de Pando, la Central Indígena de Pueblos Amazónicos de Pando (CIPOAP). Naranjal está más conectada a CIPOAP que Villa Cotoca. Las comunidades involucradas en la solicitud de TCO también dependen de una organización no gubernamental basada en Santa Cruz —CEJIS— para proveer asesoramiento legal para sus peticiones.

Blanca Flor, como la sede municipal, tiene la relación más cercana con el gobierno municipal y es la residencia del alcalde de la municipalidad así como la de otros oficiales de gobierno. Naranjal y Villa Cotoca también tienen mecanismos de gobierno comunal, tales como un presidente de la comunidad y una Organización Territorial de Base (OTB). La municipalidad cuenta con la fuerte presencia de un sindicato, un tipo de organización civil diseñada para monitorear las actividades del gobierno local y mantener la responsabilidad de los oficiales elegidos. El jefe de la sucursal municipal del sindicato indico que estaba tratando de mediar entre el gobierno municipal y las comunidades abogando por el TCO. Comités de Vigilancia, cuyo rol es el monitoreo de las estructuras gubernamentales, también están presentes en varias comunidades.

Blanca Flor tiene el centro de salud más grande en la región, empleando a varias enfermeras y doctores visitantes que vienen en una rotación regular. También, Blanca Flor tiene un sistema integrado de escuelas (i.e., varios niveles unificados bajo una sola administración) e incluye una escuela secundaria. Ambos Naranjal y Villa Cotoca tienen tan sólo educación primaria. La escuela de Naranjal tiene dos aulas, y la de

Villa Cotoca tiene una. Blanca Flor tiene una gran sala de conferencias para las asambleas municipales y varias iglesias pequeñas. Villa Cotoca tiene una iglesia católica.

Las tres comunidades tienen fácil acceso a la carretera principal entre Cobija y Riberalta. Otros medios de comunicación son proporcionados a Blanca Flor a través de una línea de conexión telefónica mantenida por ENTEL, la Empresa Nacional de Telecomunicaciones. Las tres comunidades usan radios como un medio de comunicación también (sin embargo sólo Blanca Flor posee un sistema de radiocomunicación). Tráfico vehicular es frecuente en estas comunidades, y algunos residentes tienen motocicletas para su uso personal.

Cuando se les preguntó acerca del rol de la mujer en Blanca Flor, la gente en una reunión comunitaria dijo que las mujeres tenien una participación activa en la vida económica y social de la comunidad y que posiblemente están más seriamente preocupadas por la protección de los recursos naturales que los hombres, ya que deben prestar atención al uso de agua, combustible y otros recursos usados diariamente en la vida doméstica. Una mujer mencionó su preocupación de que los fuegos iniciados para limpiar tierra para el cultivo no eran adecuadamente monitoreados y que los mismos podrían convertirse en amenazas potenciales para el medio ambiente.

PREOCUPACIONES Y ACTITUDES CON RELACIÓN A LA CONSERVACIÓN

Aunque la corta duración de nuestro inventario no nos permitió entrar en detalle, entrevistas y reuniones comunitarias permitieron revelar que los líderes de las comunidades y los residentes estaban definitivamente interesados en la biodiversidad local y deseaban aprender más. En Blanca Flor, las autoridades municipales locales estaban ansiosas de obtener los resultados de este inventario biológico rápido (y el equipo que hizo el inventario ha sido invitado informalmente a volver y hacer una presentación pública), como fue también el caso en Naranjal y Villa Cotoca. Curiosidad sobre cómo el equipo de RBI conduce sus inventarios era alta, particularmente en Villa Cotoca, donde residentes tuvieron

la oportunidad de visitar el campamento base o de presenciar cómo miembros del equipo recolectan información. También, en Blanca Flor el director del sistema integrado de escuelas y el Presidente de la Asociación de Padres de Familia (APAFA, el equivalente a "the Parent-Teachers Association" en los Estados Unidos) estaban extremadamente interesados en el desarrollo de materiales de aprendizaje sobre la diversidad biológica local y la integración de educación ambiental en el currículo de todos los grados de educación. En general, a pesar de que las actitudes con relación al medio ambiente son heterogéneas, la preocupación fundamental de los residentes es mantener un modo de vida viable, pero con cierta sensibilidad hacia el manejo sólido de los recursos naturales.

Las expectativas en las tres comunidades se centran en la obtención de acceso a asistencia técnica para el desarrollo de estrategias razonables para el manejo de recursos. En Blanca Flor, estas expectativas tienen una alta prioridad para los líderes municipales y también para los residentes, que esperan que colaborando con los esfuerzos de conservación puedan asistir en el mejoramiento de su calidad de vida. Sin embargo, los residentes aseveran que cualquier intervención debe de realizarse a través de una consulta plena con la comunidad y las autoridades municipales. Los miembros del consejo municipal en una reunión expresaron su escepticismo hacia las organizaciones no gubernamentales, las que según dijeron habían iniciado proyectos con frecuencia pero luego abandonado la comunidad o de otro modo fallado en el seguimiento.

Los residentes mencionaron la necesidad del mejoramiento de los medios de transporte para ganar un acceso más eficiente a los mercados. Expresaron preocupación de que la nueva Ley Forestal no se aplica equitativamente y que operaciones madereras a gran escala se benefician a cuestas de las pequeñas comunidades. Por ejemplo, el alcalde de Blanca Flor dijo que la municipalidad no estaba recibiendo "derechos" de las concesiones y que a causa de que la Superintendencia Forestal de los alrededores carece de unidad forestal, no tenían la capacidad de monitorear la tala ilegal. Para las autoridades en Naranjal y Villa Cotoca, la obtención de la aprobación final del Instituto Nacional de Reforma Agraria (INRA) para la solicitud de TCO era la preocupación principal. Ellos perciben que un título de tierra asegurado es un primer paso necesario para mejorar el manejo de sus recursos naturales.

AMENAZAS, FORTALEZAS, Y RECOMENDACIONES

Amenazas a los esfuerzos de conservación efectivos incluyen el aumento de imigración a la zona, la falta de confianza en el gobierno departamental y los esfuerzos internacionales para el desarrollo (dada la historia de proyectos fallidos o implementados con poco o ningún seguimiento), y una falta histórica de apoyo técnico para el desarrollo de planes de manejo de recursos. También, los recursos naturales han sido sobreexplotados, como lo evidencia el ejemplo de la venta de carne de monte (lo que merece mayor investigación). Otro obstáculo potencial para los esfuerzos de conservación es la disputa sobre los límites del propuesto TCO entre el gobierno municipal y las comunidades indígenas.

Las fortalezas sociales que identificamos durante la visita incluyen (1) el mecanismo aparente para alcanzar consenso al nivel de la comunidad, (2) una indicación de una forma sólida de organización local, (3) una historia de esfuerzos para organizar las comunidades y obtener un reconocimiento legal de su incorporación así como los esfuerzos para establecer el TCO, y (4) la participación activa de los residentes comunales en la vida cívica. También, el entusiasmo de los directores de las escuelas para tener acceso a programas de educación ambiental indica un deseo de colaboración con los esfuerzos de conservación. Los esfuerzos para recuperar y revitalizar los sistemas de conocimiento indígenas y las practicas culturales en Naranjal y Villa Cotoca también indican un deseo de mantener una distinta identidad cultural que puede ser compatible con un modo de vida de bajo impacto y ecológicamente consciente.

Nuestras recomendaciones para los esfuerzos de conservación en esta región son los siguientes:

(1) Trabajar a través de los líderes municipales y locales después de proveer una presentación detallada de los resultados del inventario biológico rapido. La presentación debe de ser organizada con tiempo suficiente para poder permitir a las autoridades el informar a los residentes de la comunidad sobre las asambleas próximas.

(2) Investigar nuevas posibilidades para crear programas de educación ambiental que incorporen los resultados del inventario biológico rápido a través del desarrollo de materiales dentro de un curriculum, mapas, y otros productos para el uso de la clase.

(3) Realizar un mapeo a gran escala de los usos y fortalezas antes de diseñar activamente esfuerzos de intervención.

ENGLISH CONTENTS

(for Color Plates, see pages 15-18)

PARTICIPANTS

FIELD TEAM

William S. Alverson (*plants*)
Environmental and Conservation Programs
The Field Museum, Chicago, Illinois, USA

Daniel Ayaviri (*plants*)
Centro de Investigación y
    Preservación de la Amazonía
Universidad Amazónica de Pando
Cobija, Pando, Bolivia

John Cadle (*amphibians and reptiles*)
Department of Herpetology
Chicago Zoological Society
Brookfield, Illinois, USA

Gonzalo Calderón (*mammals*)
Centro de Investigación y
    Preservación de la Amazonía
Universidad Amazónica de Pando
Cobija, Pando, Bolivia

Johnny Condori (*birds*)
Centro de Investigación y
    Preservación de la Amazonía
Universidad Amazónica de Pando
Cobija, Pando, Bolivia

Alvaro del Campo (*logistics*)
Environmental and Conservation Programs
The Field Museum, Chicago, Illinois, USA

Robin B. Foster (*plants*)
Environmental and Conservation Programs
The Field Museum, Chicago, Illinois, USA

Marcelo Guerrero (*amphibians and reptiles*)
Centro de Investigación y
    Preservación de la Amazonía
Universidad Amazónica de Pando
Cobija, Pando, Bolivia

Mónica Herbas (*social characterization*)
Herencia
Cobija, Pando, Bolivia

Lois Jammes (*coordinator, pilot*)
Samaipata, Bolivia

Debra K. Moskovits (*coordinator, birds*)
Environmental and Conservation Programs
The Field Museum, Chicago, Illinois, USA

Julio Rojas (*coordinator, plants*)
Centro de Investigación y
    Preservación de la Amazonía
Universidad Amazónica de Pando
Cobija, Pando, Bolivia

Pedro M. Sarmiento O. (*field logistics*)
Yaminagua Tours
Cobija, Pando, Bolivia

Brian O'Shea (*birds*)
Environmental and Conservation Programs
The Field Museum, Chicago, Illinois, USA

Antonio Sosa (*plants*)
Herencia
Cobija, Pando, Bolivia

Sandra Suárez (*mammals*)
Department of Anthropology
New York University
New York, New York, USA

Janira Urrelo (*plants*)
Herbario Nacional de Bolivia
La Paz, Bolivia

Tyana Wachter (*logistics*)
Environmental and Conservation Programs
The Field Museum, Chicago, Illinois, USA

Alaka Wali (*social characterization*)
Center for Cultural Understanding and Change
The Field Museum, Chicago, Illinois, USA

COLLABORATORS

Dan Brinkmeier
Environmental and Conservation Programs
The Field Museum, Chicago, Illinois, USA

Juan Fernando Reyes
Herencia
Cobija, Pando, Bolivia

Douglas F. Stotz
Environmental and Conservation Programs
The Field Museum, Chicago, Illinois, USA

Gualberto Torrico Pardo
Centro de Investigación y
    Preservación de la Amazonía
Universidad Amazónica de Pando
Cobija, Pando, Bolivia

Comunidad Blanca Flor
Pando, Bolivia

Comunidad Naranjal
Pando, Bolivia

Comunidad Villa Cotoca
Pando, Bolivia

The Field Museum

The Field Museum is a collections-based research and educational institution devoted to natural and cultural diversity. Combining the fields of Anthropology, Botany, Geology, Zoology, and Conservation Biology, Museum scientists research issues in evolution, environmental biology, and cultural anthropology. Environmental and Conservation Programs (ECP) is the branch of the Museum dedicated to translating science into action that creates and supports lasting conservation. With losses of natural diversity worldwide and accelerating, ECP's mission is to direct the Museum's resources— scientific expertise, worldwide collections, innovative education programs—to the immediate needs of conservation at local, national, and international levels.

The Field Museum
1400 S. Lake Shore Drive
Chicago, IL 60605-2496
312.922.9410 tel
www.fieldmuseum.org

Universidad Amazónica de Pando – Centro de Investigación y Preservación de la Amazonía

From two original departments at its founding in 1993, Biology and Nursing, the Universidad Amazónica de Pando (UAP) has grown to include Computer Sciences, Agroforestry, Law, Civil Engineering, and Aquaculture. The urgent need for an expert center in Pando to manage the rich natural resources of the region led to UAP's strong emphasis on Biology and to the development of the Center for Research and Preservation of the Amazon (CIPA). The University's maxim—The preservation of Amazonia is essential for the survival of life and for the progress and development of Pando—reflects this focus on conservation. CIPA heads the research for fauna and flora in the region and guides policies and strategies for conservation of natural resources in Amazonia.

Universidad Amazónica de Pando
Centro de Investigación y
    Preservación de la Amazonía
Av. Tcnl. Cornejo No. 77
Cobija, Pando, Bolivia
591.3.8422135 tel/fax
cipauap@hotmail.com

Herbario Nacional de Bolivia

The Herbario Nacional de Bolivia in La Paz is
Bolivia's national center for botanical research.
It is dedicated to the study of floristic composition and
the conservation of plant species of Bolivia's different
ecosystems. The Herbario was consolidated in 1984
with the establishment of a scientific reference collection
observing international standards and a specialized
library. The Herbario produces publications that advance
the knowledge of Bolivia's floristic richness. Resulting
from an agreement between the Universidad Mayor de
San Andrés and the Academia de Ciencias de Bolivia,
the Herbario also contributes to the training of
professional botanists, as well as to the development
of the La Paz Botanical Garden in Cota Cota.

Herbario Nacional de Bolivia
Calle 27, Cota Cota
Correo Central Cajón Postal 10077
La Paz, Bolivia
591.2.2792582 tel
lpb@acelerate.com

Herencia

Herencia is an interdisciplinary, non-profit
organization that promotes sustainable development
through investigation and planning, with the
cooperation and participation of residents of
Amazonian Bolivia, particularly Pando.

Herencia
Oficina Central
Calle Otto Felipe Braun No. 92
Casilla 230
Cobija, Bolivia
591.3.8422549 tel
pando@herencia.org.bo

ACKNOWLEDGMENTS

We deeply thank every person who helped us to spend a productive time in the Madre de Dios region of central Pando, and to share our preliminary results with interested parties and decision-makers in Cobija and La Paz. We are grateful to all who have given and continue to give of themselves to advance key opportunities for conservation in Bolivia.

Lois (Lucho) Jammes, Pedro M. Sarmiento, Sandra Suárez, and Tyana Wachter formed the energetic team who— with the invaluable help of Jesús (Chu) Amuruz, Alvaro del Campo, Julio Carrasco, and many others in the field, Cobija, and La Paz—wrought order out of chaos and put all details into place. Emma Theresa Cabrera kept us well fed and caffeinated under difficult conditions, and Antonio Sosa helped keep our camp running smoothly. Residents of Blanca Flor, Naranjal, Santa Maria, and Villa Cotoca actively engaged us in a dialog about the aims and results of the rapid inventory process, and provided useful suggestions about specific sites and logistics. In particular, the Mayor of Blanca Flor encouraged our efforts and welcomed us to present our results at a community meeting.

The Universidad Amazónica de Pando (Cobija) and the Secretario Nacional de Investigación, Ciencia, y Tecnología (La Paz) kindly provided us with meeting facilities for our presentations.

Gualberto Torrico P. took the lead in drying and distributing the plant specimens we collected as voucher material during the inventory. Fernando Neri and Tyana Wachter did an admirable job of translating the manuscript into Spanish. Thanks also are due Jennifer Shopland, Tyana Wachter, Robert Langstroth, Julie Calcagno (Smentek), and Isabal Halm for their extremely careful and helpful comments on drafts of the manuscript. As always, James Costello and Tracy Curran were tremendously tolerant of missed deadlines while keeping production of the report on track.

The impact of rapid inventories depends heavily on the applicability of recommendations for conservation action and the possibilities for sound, environmentally compatible economic activities. For their dedication, suggestions, and insightful discussions we thank Luis Pabón (Ministerio de Desarrollo Sostenible y Planificación, Servicio Nacional de Áreas Protegidas), Richard Rice (CABS, Conservation International), Jared Hardner (Hardner & Gullison Associates, LLC), Lorenzo de la Puente (DELAPUENTE Abogados), Mario Baudoin (Ministerio de Desarrollo Sostenible y Planifcación), Ronald Camargo (Universidad Amazónica de Pando—UAP), Adolfo Moreno (WWF Bolivia), José L. Telleria-Geiger (Secretario Nacional de Investigacion, Ciencia, y Tecnología), Juan Carlos Montero (Asociación Boliviano para la Conservación), and Victor Hugo Inchausty (Conservación Internacional, Bolivia). For their continued interest, and steady coordination and collaboration with us in our efforts in Pando, we sincerely thank Sandra Suárez (Fundación José Manuel Pando), Julio Rojas (CIPA, UAP), Juan Fernando Reyes (Herencia), Ronald Calderon (Fundación J. M. Pando), Leila Porter, and Adolfo Moreno and Henry Campero (WWF Bolivia).

John W. McCarter, Jr. continues to be an unfailing source of support and encouragement for our programs. Funding for this rapid inventory came from the Gordon and Betty Moore Foundation and The Field Museum.

The goal of rapid biological and social inventories is to catalyze effective action for conservation in threatened regions of high biological diversity and uniqueness.

Approach

During rapid biological inventories, scientific teams focus primarily on groups of organisms that indicate habitat type and condition and that can be surveyed quickly and accurately. These inventories do not attempt to produce an exhaustive list of species or higher taxa. Rather, the rapid surveys (1) identify the important biological communities in the site or region of interest, and (2) determine whether these communities are of outstanding quality and significance in a regional or global context.

During social asset inventories, scientists and local communities collaborate to identify patterns of social organization and opportunities for capacity building. The teams use participant observation and semi-structured interviews quickly to evaluate the assets of these communities that can serve as points of engagement for long-term participation in conservation.

In-country scientists are central to the field teams. The experience of local experts is crucial for understanding areas with little or no history of scientific exploration. After the inventories, protection of natural communities and engagement of social networks rely on initiatives from host-country scientists and conservationists.

Once these rapid inventories have been completed (typically within a month), the teams relay the survey information to local and international decision-makers who set priorities and guide conservation action in the host country.

Dates of fieldwork	7—12 July 2002 (biological), 25—27 July 2002 (social/cultural)
Region	The Área de Inmovilización Madre de Dios, in south-central Pando between the Madre de Dios and Beni Rivers (Figures 1, 2A). This Área de Inmovilización (a designation given to sites that need further studies before categorization for land use) covers a mixture of open savannas (*pampas abiertas*), low forests on pampa soils (*pampas arboladas*), and tall western-Amazonian forests on well-drained soils.
Sites surveyed	Six sites, including (1) well-drained, tall upland Amazonian forests immediately west of the Área de Inmovilización (*Cotoca Camp*), (2) open pampas (*Pampa Blanca Flor* and *Pampas Abiertas Naranjal Este*), and (3) complex and varied older pampa habitats with a mixture of grassy, shrubby, and low arboreal vegetation (*Pampa Arbolada Naranjal Noroeste*, as well as the previously mentioned sites). See Figure 2.
Organisms surveyed	Vascular plants, reptiles and amphibians, birds, and large mammals.
Highlights of results	The inventory team identified significant opportunities for conservation of relatively intact pampa habitats, which are very rare in Pando. The adjacent, western-Amazonian forest habitats, logged about 40 years ago, are structurally intact but appear to suffer from intense hunting that has modified the bird and mammal communities present. The following is a brief summary of the rapid biological inventory team's results during its six days in the field:

Plants: The team registered a moderate species richness of 523 species of plants and estimated about 800 for the region. Natural reproduction of Brazil-nut trees is conspicuous and significant, as is the occurrence of pampas this far north in Bolivia. Several plant species were at the limits of their range or were new records for Pando.

Large Mammals: The team registered 23 species of large mammals out of 46 estimated for the region. Population densities appeared very low for many game species (agoutis, pacas, peccaries, howler and spider monkeys, tapirs). Only 5 out of a possible 10 primate species were recorded, and even small primates that are normally common elsewhere in Pando were very rare. In contrast, small cats (*Leopardus*) and nocturnal rodents and opossums appeared to be common. The hunting pressure in the region is very high.

Birds: The team recorded 241 species in the Madre de Dios study sites, of which 210 were from the forest around and south of Cotoca, and 81 were from pampa habitats and associated forest islands and edges. The forest avifauna seemed incomplete for southwest Amazonia.

	Amphibians and Reptiles: We registered 38 species (19 reptiles and 19 amphibians), out of an estimated 140 to 160 species for the region (80 of reptiles and 60 to 80 of amphibians). All of the species we recorded are common in southwestern Amazonia, and all, except for one lizard, were from forest habitats.
Human communities	Modern immigration to the region began in the early 1930s when large estates devoted to rubber and Brazil-nut gathering (*barracas*) were established. With the collapse of the rubber boom (1950s-1980s), workers took ownership of the lands and petitioned for formal legal status for the towns or villages. We worked with three communities in and around the Área de Inmovilización Madre de Dios: Blanca Flor (with about 450 inhabitants), Naranjal (with 197), and Villa Cotoca (with 91). Population density in the region is relatively low, but growing. The regional economy is still principally dependent on Brazil-nut harvesting. Other economic activities include livestock herding, small-scale commercialization of rice, and the sale of wild game for food and medicine.
Main threats	Very intense hunting pressure on mammal and bird populations is the primary threat. We observed many successful hunters in the forest carrying primates, peccaries, birds (including an eagle), and other game species home for their families or for sale. The present level of hunting appears to have depleted animal populations and may have a pronounced and negative effect on the welfare of human communities and native biodiversity. Current levels of timber extraction, and scattered ranching, may be compatible with maintaining a full array of native species in the region if local communities develop and follow plans for the management of cattle, fire, and hunting. Widespread removal of the canopy in the taller, well-drained (non-pampa) forests remains a threat to biodiversity but is not occurring at present. Increases in human migration to the region and lack of trust in governmental and non-governmental agencies will add to the difficulty of conservation efforts.
Principal recommendations for protection and management	(1) *Together with community members of Blanca Flor, Naranjal, and Villa Cotoca, develop a natural-resource management plan for the area now included in the Área de Inmovilización Madre de Dios.* This plan can provide a blueprint for a future in which humans have a healthy relationship with the landscape of central Pando. The plan also can serve as a framework for all decisions about land use, wild habitats, and wild plant and animal populations, and may include the designation of a municipal or regional wildlife reserve.

(2) *Stem current over-harvesting of mammals and birds.* Investigate carrying capacity for hunting in this area. Set conservative upper limits for harvest on the basis of these results. Involve local residents in monitoring game and human responses to these limits. Identify community incentives and enforcement mechanisms necessary to accomplish goals for game-species protection.

(3) *Maintain a diversity of ages and types of pampas habitats,* from newly burned, open, grassy pampas, to a diverse array of older pampas on which shrubs and trees have become dominant. Cattle should be excluded from 25 to 50% of the area of these pampas, to provide control areas to better understand the effects of grazing on pampas biodiversity.

(4) *Maintain large blocks of tall, old secondary forest on good soils by minimizing large-scale removal of canopy trees.*

(5) *Develop and disseminate educational materials for children and adults to broaden the basis of understanding and support of conservation and natural resource management.*

(6) *Work with local residents to secure funding for community-based inquiry aimed at ecologically sensitive management of their resources.* Recommended foci for study include (a) new sources of protein that can reduce their need for wild game, (b) monitoring of game and timber-tree populations, (c) the role of fire and grazing in maintaining open pampas, (d) detailed inventories of mammals, birds, amphibians, and reptiles, especially in the pampas, (e) the response of local birds amphibians, and reptiles to disturbance, and (f) the extent and mechanism of successful natural reproduction of Brazil-nut populations in the region.

Long-term conservation benefits	(1) *Human communities in a stable relationship with a landscape of forests and pampas* that provides renewable forest products such as Brazil nuts and timber, and long-term sources of protein from wild game. (2) *Maintenance of a complex array of young and old pampas, which are unique habitats in northern Bolivia.* These pampas are, in essence, habitat "islands" surrounded by a "sea" of forests. Because of their isolation from other pampa habitats, they may harbor significant numbers of local or regional endemics and generate special patterns of evolution in the populations of plants and animals found within them.

Why Madre de Dios?

In the Landsat 7 satellite image of central Pando (Figure 1), the Orthon, Madre de Dios, and Beni Rivers run northeast toward the Amazon. Between these rivers, tall, upland, western Amazonian forests with abundant Brazil-nut trees appear in a coppery brown color. In the southeast (lower right) corner of the image, long fingers of open pampas (in blue) reach up from the Department of Beni. These extensions of the southern pampas barely reach into Pando. North of the Beni River, they break up into isolated, puzzle-shaped pieces of open habitat surrounded by the extensive matrix of tall forests. Wine-colored areas adjacent to the open pampas are older pampas now covered by shrubs and trees.

At this intersection of pampas vegetation on poor soil, and tall-forest habitats on better soils, the Bolivian government designated the Área de Inmovilización Madre de Dios (literally, an "Immobilized Area" awaiting final designation for land use). The goal of our rapid inventory team was to gather the biological and sociological information necessary to support conservation and ecologically sensitive use of this complex mixture of habitats.

Overview of Results

From 7 through 12 July 2002, the biological inventory team occupied a single campsite a few kilometers south of Villa Cotoca, a small settlement on the Cobija-to-Riberalta road. We worked in six sites in and around the Área de Inmovilización Madre de Dios, including the area immediately surrounding the Cotoca camp. Access to these sites was provided by an existing network of roads, and, within sites, via trails used by hunters and Brazil-nut harvesters. Overall elevation did not vary greatly (155–175 m). However, the rolling topography of the uplands on well-drained, more easily eroded soils was strikingly different from the conspicuously flat, poorly drained areas constituting the open and overgrown pampas. The social-asset inventory team worked in the region from 25 to 27 July 2002.

BIOLOGICAL OVERVIEW

Vegetation and Flora

The satellite image of the region (Figure 1) exhibits bright blue areas that signify open pampas. Adjacent to the bright blue areas are purple areas covered by relatively low forest, often dense and full of vines, with a canopy ranging from 5 to 15 m in height. These purple areas on the image are overgrown pampa (*pampa arbolada*), formed by natural succession in the absence of fire. The pampas, in all stages of regeneration, are significant in that they are unique habitats in Pando and the northernmost extension of this type of habitat in Bolivia (and adjacent Brazil). This type of habitat "jumps" the Beni River but does not seem to cross the Madre de Dios River to the north and west.

Surrounding the pampas and appearing in a mottled orange color on the satellite image (Figure 1) are taller forests on well-drained soil. These forests were lightly logged about 40 years ago and now are harvested heavily for Brazil nuts and game, but generally are in good condition. Selective logging on a tree-by-tree basis still occurs for the most economically valuable species. Notable in these forests were the Brazil-nut seedlings and saplings (*Bertholletia excelsa*) along the roadsides in the forest surrounding Cotoca. Actively reproducing populations of Brazil nuts are rare and thus a significant asset for Pando.

During our six days of fieldwork, we registered 523 species of vascular plants (Appendix 1) and estimated 800 for the region. We did not encounter species that we knew to be new to science, but we did register species that were new to Pando, rare in Bolivia, or otherwise notable. These include *Qualea albiflora* (Vochysiaceae), a 20-m-tall tree that dominates several of the overgrown pampas. To our knowledge, this species has been collected only once before in Bolivia.

Amphibians and Reptiles

We recorded 19 species of reptiles (8 of snakes, 10 of lizards, and one crocodilian) and 19 species of amphibians (all frogs) from the study site (Appendix 2). All species except for one lizard (*Pantodactylus schreibersii*) were from forest habitats; we made only a brief reconnaissance of the pampas in the area because of extreme dryness. All of the species we recorded are common elements of herpetofaunas in southwestern Amazonia, and have been recorded at other well-inventoried sites in southeastern Peru (Manu National Park, Tambopata Reserve, Cuzco Amazónico) and northern Bolivia (Reserva Nacional de Vida Silvestre Amazónica Manuripi). Many are widespread Amazonian species and no species we observed are local or regional endemics.

Because we were sampling during the dry season, we detected only a small portion of the amphibians and reptiles that are expected for the study site. Judging from the species richness of more thoroughly inventoried sites in southwestern Amazonia, we suspect that the total herpetofauna for the Madre de Dios study site would total 120–160 species. Our rapid inventory probably detected only about 25–30% of the frog species and 25% of the reptiles that might be expected.

Birds

The bird team recorded 241 species in the area. We found 210 species in the forest areas of our base camp and southward, where we concentrated the majority of survey efforts, and 81 species in pampas and associated woodland areas. Our survey protocols tended to favor detection of forest species, and we believe that many more species than we observed are present in the pampas.

The composition of the forest avifauna was typical of southwest Amazonia. Canopy-flocking species seemed particularly numerous. In contrast, we encountered few mixed flocks in the understory, and species that are typically found in such flocks seemed rare. This pattern could be the result of past logging activity, which may have disproportionately altered the structure of the subcanopy forest strata through the retention of large Brazil-nut trees. Apparently scarce also were large birds such as guans, parrots, and terrestrial doves, whose inconspicuousness we attributed to heavy hunting pressure in the area. We encountered the eagle *Morphnus guianensis* in forest near our base camp. This species is a top predator that requires large areas of relatively intact forest.

Our surveys of the pampas yielded several new records for the Department of Pando. The avifauna of the pampas is probably more species-rich than our results indicate, yet we did not detect several typical pampas species that tend to be highly visible where they occur. This suggests that the avifauna, while containing elements not found in the forests of the surrounding area, is probably depauperate compared to that of the more extensive pampas of the Department of Beni, to the south.

Large Mammals

We registered 23 species of mammals, mostly from tracks but also by visual, auditory, and olfactory observations, as well as by dens, burrows, and nests. In comparison to forested areas in other parts of Pando and the western Amazonian basin, we observed few mammals. In particular, we noted a low species richness and population density of large mammals, especially primates and other species hunted by humans.

For example, the abundance of agoutis (jochis, *Dasyprocta variegata*), pacas (jochi pintado, *Agouti paca*), and peccaries (*Tayassu* sp.) was much lower than we expected. Even small primates like tamarins (chichilos, *Saguinus* spp.) occurred in very low densities. This low abundance of large mammals may be due in part to the natural history of the area. However, in view of the number of mammals we observered as hunters' kills and the presence of an active market for bushmeat, the dearth of large mammals seems primarily due to excessive and indiscriminate hunting.

In contrast, we observed abundant signs of small cats (Felidae), especially along dirt roads and forest trails. We also observed a high density of small nocturnal rodents, perhaps because of the pampa habitats and the absence of some large predators.

HUMAN COMMUNITIES

The Área de Inmovilización Madre de Dios is contained within the Municipality of San Lorenzo. The municipality comprises 33 villages or towns, of which 11 are mixed indigenous communities. Solicitation for a *Tierra Comunitaria de Origen* (TCO) has been made and is pending reconciliation with municipal authorities over determination of boundaries. Blanca Flor is currently the municipal seat.

Modern settlement in the region began in the early 1930s when large estates devoted to rubber and Brazil-nut gathering were established, as they were in other settled areas of Pando and adjacent areas in Beni. Tacana Indians from Ixama were among the people brought to work on the estates. With the collapse of the rubber boom (1950s–1980s), workers took ownership of the lands and petitioned for *personería jurídica* (legal status) for the towns or villages.

The regional economy is still principally dependent on Brazil-nut harvesting. The gap in income due to the collapse of rubber apparently has been filled by livestock herding, small-scale commercialization of rice, and in some instances sale of wild game.

Social assets that can be used to build participatory programs for conservation intervention and education include (1) residents' familiarity with the ecosystem and continued engagement with low-impact extractive activities (i.e., Brazil-nut harvesting), (2) expressed interest in implementing low-impact alternatives for resource use, (3) efforts by indigenous communities to recoup cultural practices and values,

(4) active environmental education efforts in the municipal schools, and (5) active municipal government interested and willing to enforce agreements.

THREATS

The primary threat to the biological diversity of the region is the intense hunting by local residents. Secondary threats include degradation and loss of forest and pampas.

Overhunting

Despite relatively low human population density in the region, the hunting pressure on mammal and bird populations is strong. Our observations suggest that overhunting for food and medicine may be depressing the abundance of many large mammals and birds to dangerous levels. Hunting appears to have already changed the ecological roles that native mammals can play in the forests and pampas of the region. We predict that the current intensity of hunting, if unchecked, will result in the loss of some game species in the region.

Overgrazing of Pampas

Although studies are needed to verify this history, the openness of the pampas probably was maintained in the past by periodic fires, rather than by grazing. Some native plant species, genetically adapted to disturbance by fire but not to grazing by cattle, may disappear from the region unless cattle are excluded from a portion of the pampas.

Widespread Removal of Tall-forest Canopy

The tall forest on well-drained soils now serves as a source of (1) building materials and firewood for local communities, (2) selectively logged timber for market, (3) Brazil nuts, (4) medicinal plants, and (5) game mammals and birds for local consumption. Removal of the canopy trees of this forest for increased grazing or agricultural lands will cause the forest to become much drier and will result in the loss of some of the community resources listed above.

CONSERVATION TARGETS

Because of (1) their national or regional rarity, (2) their influence on community structure or dynamics, or (3) their indication of relatively intact habitats or ecosystem functions, the following species and communities should be the primary foci for conservation in the region including the Área de Inmovilización Madre de Dios.

ORGANISM GROUP	CONSERVATION TARGETS
Plant Communities	Pampas in all stages of succession Large blocks of old secondary forest on well-drained soils
Tree Species	Healthy, regenerating populations of Brazil nuts (*Bertholletia excelsa*), tumi (*Amburana cearensis*), cedro (*Cedrela odorata*), and other timber species
Reptile and Amphibian Assemblages	Herpetofauna representative of southwestern Amazonia, along with the moist understory habitats that support it
Bird Species and Communities	Large birds hunted for food and medicine Pampas birds, and parrots
Large Mammals	All large mammals, including the globally rare *Leopardus pardalis* and *L. wiedii* (ocelot and margay), *Lontra longicaudis* (Neotropical otter), *Panthera onca* (jaguar), *Puma concolor* (puma), *Speothos venaticus* (bush dog); and, if present, *Priodontes maximus* (giant armadillo), *Pteronura brasiliensis* (giant otter), and *Herpailurus yaguarondi* (jaguarundi) (CITES I species) *Alouatta sara* (Bolivian red howler monkey), *Aotus* sp. (night monkey), *Cebus albifrons* and *C. apella* (capuchin monkeys), *Saguinus fuscicollis weddelli* (saddleback tamarin), *Tapirus terrestris* (tapir), *Tayassu tajacu* (collared peccary); and, if present, *Ateles chamek* (black-faced black spider monkey), *Bradypus variegatus* (sloth), *Callicebus* sp. (titi monkey), *Myrmecophaga tridactyla* (giant anteater), *Pithecia irrorata* (saki monkey), *Saimiri boliviensis* (squirrel monkey), *Saguinus labiatus* (red-chested mustached tamarin monkey), *Tamandua tetradactyla* (southern tamandua), and *Tayassu pecari* (white-lipped peccary) (CITES II species)
Human Communities	Brazil-nut harvesting as a primary economic activity Long-term sources of wood and protein (including wild game)

The Área de Inmovilización Madre de Dios is a high priority for conservation at the municipal (San Lorenzo) and departmental (Pando) levels but not at national or international levels.

Local residents and community leaders are very interested in developing sound natural-resource management plans for the region. The interest and enthusiasm generated by the rapid biological inventory opened a path to initiate community-based land-use plans, game management, monitoring and research efforts, and conservation education for adults and children.

With these tools and resources, the residents of Blanca Flor, Naranjal, and Villa Cotoca could moderate hunting efforts and retain populations of game mammals and birds, Brazil nuts, timber, firewood, and other natural products of the forest and pampas for their children and grand-children. By retaining substantial blocks of intact tall forest and pampas, local residents also could retain healthy populations of nongame animals and plants designated as conservation targets in this region.

The designation of a regional or municipal wildlife refuge within the boundaries of the Área de Inmovilización Madre de Dios is one of the options available to the local communities. Formal designation of a wildlife refuge may facilitate a process of land-use planning on a regional scale, in which some lands are zoned for intensive use (with great alteration of wild communities), and other lands for less intensive uses that are compatible with native biodiversity.

RECOMMENDATIONS

This rapid biological survey has laid the foundation for future conservation efforts through a coarse-grained identification of the region's ecological context, biological values, threats, and conservation opportunities. Our inventory results also suggest the following recommendations.

Protection and management

(1) **Together with the residents of Blanca Flor, Naranjal, Villa Cotoca, and other local communities, develop natural-resource management plans** that make explicit these residents' desires for future land use, forest and pampa habitats, and populations of game and other wild species.

(2) **Consider formal designation of a wildlife refuge as an effective means to achieve management objectives.**

(3) **Avoid overharvesting by enacting effective controls that reduce hunting of wild mammals and birds to levels that can persist in the long run.**
Through communities' decision-making channels, set conservative upper limits for harvest on the basis of studies of carrying capacity (see Research, below). Adjust bag limits and other protection strategies on the basis of monitoring results (see Monitoring, below). Identify community incentives and enforcement mechanisms necessary to accomplish goals for game-species protection.

(4) **Manage pampas to maintain a range of ages and types, from newly burned, open, grassy pampas, to a diverse array of older pampas on which shrubs and trees have become dominant.** Cattle should be excluded from 25 to 50% of the area now covered by pampas vegetation until the effect of their grazing on native biodiversity is better understood. Periodic burning of some pampas should continue.

(5) **Over the next decade, limit reduction of tall-forest cover to no more than 10% of its current area.**

(6) **Develop and employ educational materials for children and adults to broaden the basis of understanding and support of conservation and natural-resource management.** For example, the education of local residents could reduce the killing of animals for ineffective folk medicines.

Research

(1) **Investigate the carrying capacity for hunting of the most heavily exploited game species in the area** and identify alternative protein sources for local residents to reduce their heavy reliance on wild game.

RECOMMENDATIONS

Research

(2) **Investigate the extensive Brazil-nut regeneration seen in parts of the Área de Inmovilización Madre de Dios** to understand why it is occurring and whether these favorable conditions can be encouraged in other Brazil-nut-producing areas of Bolivia.

(3) **Study the effects of disturbance on particular species of amphibians and reptiles.** We know of just one study of such effects in tropical forest, near Manaus, in Amazonian Brazil. Historical records of forest disturbance in Pando offer an opportunity to compare the responses of amphibians and reptiles in forest types of southwestern Amazonia to those studied near Manaus.

(4) **Conduct a study of the responses of the understory bird community to maturation of the tall forest habitats.**

Further inventory

(1) **Conduct additional, more thorough inventories of amphibians and reptiles during the rainy season, with special attention to pampas habitats,** as these are the most likely to harbor amphibians and lizards that are locally or regionally endemic.

(2) **Undertake a more thorough inventory of birds in the pampas** to better understand the species present and their conservation needs.

(3) **Inventory small mammals and conduct a more thorough inventory of nocturnal mammals, especially in pampas.**

Monitoring

(1) **Building on the organizational assets of local communities, develop and implement a regional monitoring program.** Through this program resident stewards can measure progress toward conservation goals set in community management plans (see Protection and management, above). We recommend particular attention to the following:

(1.1) **Monitor populations of game birds and mammals, as well as parrots and other animals vulnerable to the pet trade.** At the same time, monitor hunting behavior in local communities to evaluate responses to management strategies (see Protection and management, above). Use results to modify these strategies.

(1.2) **Monitor the population status of important timber species** such as tumi (*Amburana cearensis*), and cedro (*Cedrela odorata*). Use the results to establish guidelines for harvest so that these species are available to the children and grandchildren of current residents.

Technical Report

OVERVIEW OF INVENTORY SITES

The inventory took place from 7 to 12 July 2002 in the Área de Inmovilización Madre de Dios, an irregularly shaped piece of land of 51,112 ha near the southern edge of central Pando (Figures 1, 2A). The Área de Inmovilización lies in the middle of a narrow tongue of land running northeast between the Madre de Dios River (to the northwest) and the Beni River (to the southeast). In this tongue of land, habitats are transitional between the wetter forests characteristic of well-drained uplands in western Pando and the drier forests and pampas of Beni.

The biological inventory team occupied a single campsite, situated a few kilometers south of Villa Cotoca, a small settlement on the Sena-to-Riberalta road (which was called Mangal in maps dating from the late 1970s and early 1980s). We worked in six sites (Figure 2A), including the area immediately surrounding the Cotoca Camp. Access to these sites was provided by an existing network of roads, and, within sites, via trails used by hunters and Brazil-nut harvesters. Variation in elevation (155–175 m) was low. However, the rolling topography of the uplands on well-drained, more erodible soils differed strikingly from the conspicuously flat, poorly drained areas constituting the open and overgrown pampas.

Latitude and longitude values are from hand-held GPS units, unless otherwise specified.

Cotoca Camp and vicinity
(11°33.78' S, 67°07.62' W, from 1:50,000 topo map: Mangal, 1982, Instituto Geográfico Militar Boliviano)
We established this camp in and around a small clearing and thatched structure used seasonally to sort Brazil nuts. The road running south from the main highway at Cotoca first passes through fields and recently disturbed forest, then through old secondary forest on well-drained soils before arrival at the Cotoca Camp. We inventoried along existing trails and roadsides around this site on 7–12 July 2002.

Trails West of Cotoca Road—A few kilometers south of the Cotoca Camp, another old logging road branches off to the southwest. This western road, passable by foot, then forks to a small, abandoned homestead at 11°35.08' S, 67°09.55' W, and to a small pampa at 11°35.63' S, 67°10.06' W. We explored both forks on 11 July.

Cotoca Road South—The dirt road bearing south of the Cotoca Camp, presumably constructed 40 years ago for timber extraction, is passable by four-wheel drive truck for about 25 km. It passes through old secondary forest dominated by Brazil nuts and other emergent trees not removed for timber harvest, and through patches of younger, more recently disturbed secondary forest. The road crosses rolling terrain with many small streams and several homestead clearings, continues past two small pampas and the entrance to the large settlement named Barraca Canadá, and then becomes impassible at about 11°47' S, 67°11' W, just north of an overgrown pampa (*pampa arbolada*) visible on the satellite image. We traveled this road by truck and by foot on 8 July and again, in part, on 11 July.

Pampa de Blanca Flor

(11°43.84' S, 66°57.54' W)

On 9 July, we traveled by truck to the village of Blanca Flor, then west through a large open pampa to its western edge where, on foot, we could easily enter open pampa, old pampa with trees (pampa arbolada), and old secondary forest on well-drained soils.

Pampa Arbolada Naranjal Noroeste

(11°29.13' S, 67°01.84' W)

On the morning of 10 July, we traveled by truck to an open pampa dominated by *Pteridium* ferns and an adjacent, complex mix of vegetation in an older, overgrown pampa approximately 12 km northwest of the village of Naranjal. We did not visit the small village immediately northwest of this inventory site, which appears as "El Turi" on Instituto Geográfico Militar Boliviano maps compiled in 1982.

Pampas Abiertas Naranjal Este

(11°32.65' S, 66°54.32' W, at the first big pampa east of Naranjal; to the easternmost pampa visited at 11°31.64' S, 66°48.99' W)

On the afternoon of 10 July, we examined three open pampas, each adjacent to the main road running northeast between Naranjal and the Beni River. All were grassy, with few trees, and the eastern border of the easternmost pampa was conspicuously wetter than other pampa areas seen.

VEGETATION AND FLORA

Participants / Authors: William S. Alverson, Janira Urrelo, Robin B. Foster, Julio Rojas, Daniel Ayaviri, and Antonio Sosa

Conservation Targets: Pampas in all stages of succession; large blocks of old secondary forest on well-drained soils; healthy, regenerating populations of Brazil nuts (*Bertholettia excelsa*), tumi (*Amburana cearensis*), cedro (*Cedrela odorata*), and other timber species

METHODS

We had six days to assess the large complex of forest and pampa vegetation in and around the Área de Inmovilización Madre de Dios. The Cotoca Camp was within the matrix of old secondary forest on well-drained soils, which we explored using existing trails and roads. We targeted additional types of vegetation visible in a Landsat 7 (EMT+) image taken in August 2000—open pampas, and reforested ("overgrown") pampas with varying densities of trees, in particular—and traveled by truck to sites that allowed us to explore these habitats on foot.

We did not gather quantitative data with transects. Instead, we kept running lists of species identified in the field and recorded qualitative information about their abundance and presence in various habitats. We took several hundred photographs as documentation of species presence and as a tool to identify unrecognized species later; once processed and digitized, a representative subset of these photographs will be made available at *www.fieldmuseum.org/rbi*. We also collected 304 herbarium specimens representing at least 215 species in a number series under the name "Janira Urrelo." All specimens were field-treated with alcohol, and dried at the university in Cobija. They will be deposited in herbaria at the Universidad Amazónica de Pando, Cobija (UAP), the Herbario Nacional, La Paz (LPB), and The Field Museum (F).

FLORISTIC RICHNESS, COMPOSITION AND DOMINANCE

Our preliminary list of vascular plants (in Appendix 1) lists 523 species within the area in and around the

Área de Inmovilización Madre de Dios. Judging from the variation within habitat types that we were able to explore on the ground, and on the presence of several habitat types that we did not visit, we estimate a total vascular plant flora of around 800 species.

This moderate species richness is due to the intermixing of floras adapted to poorly drained and well-drained soils, but without significant elevational variation or an extensive epiphyte flora. Many of the species in the old secondary forest on well-drained soils were the same as those seen in the Tahuamanu region in western Pando (Foster et al. 2002). In contrast, species occurring in the pampa habitats had stronger affinities to those in pampas such as the Pampas del Heath in Departamento La Paz, and the Pampas of Beni. They also showed affinities to cerrado and pampa vegetation to the south and east, in the Bolivian Departments of Beni and Santa Cruz, and adjacent Brazil (cf. Killeen 1998).

Fabaceae and Moraceae were the families most commonly encountered in the upland forests on well-drained soils, with at least 54 species (in 29 genera) and 24 species (in 10 genera), respectively. Although only 4 species in 3 genera of Lecythidaceae were recorded, many large, emergent individuals of the Brazil nut (*Bertholletia excelsa*) were present, together with emergent Moraceae (e.g., *Ficus schultesii*) and other species passed over for timber harvest.

The vegetation of the pampas was more complex. Some pampas were very open, nearly treeless expanses dominated by grasses (Poaceae) and sedges (Cyperaceae). One formerly overgrown pampa, apparently subject to a recent, intense burn, was completely dominated by the fern *Pteridium aquilinum*. Others were dominated by shrubs and small trees such as the fire-resistant *Physocalymma scaberrimum* (Lythraceae), a thick-barked, pachycaulous *Himatanthus* (Apocynaceae, Figure 3A), a *Mollia* sp. (Tiliaceae), *Vismia* spp. (Clusiaceae), and several Bignoniaceae, Fabaceae, and Malpighiaceae. Some are dominated by the small palm *Mauritiella armata*. The older, revegetated pampas (pampas arboladas), having had more time to regenerate since the most recent fire, were dominated

by a mix of shrubs and trees. Some of these species are found also in the surrounding well-drained terra firme forest, but most are species characteristic of poorly drained, acid soils, including *Qualea albiflora* (Vochysiaceae), a *Vernonianthus* sp. (Asteraceae), *Maprounea guianensis* (Euphorbiaceae), *Mouriri* spp. (Melastomataceae), *Graffenrieda limbata* (Melastomataceae), *Schefflera morototoni* (Araliaceae, Figure 3C), *Psychotria prunifolia* (Rubiaceae), and *Vismia* spp. (Clusiaceae). A large area of one overgrown pampa south of the Cotoca Road South was dominated by Vochysiaceae, as seen during an overflight in March (by RF; also conspicuous on the satellite image, Figure 2A).

VEGETATION TYPES

We used a simple scheme to classify the vegetation inventoried in and around the Área de Inmovilización Madre de Dios:

Vegetation on well-drained soils
> Logged forests harvested 30–40 years ago, with remnant old forest trees
> Recently disturbed areas (young secondary forests, fields, roadsides)

Vegetation on poorly drained soils
> Open pampas dominated by grasses or scattered shrubs and trees (*pampas abiertas*; also *pastizal* on old topo maps)
> Overgrown pampas with a relatively continuous tree cover (*pampas arboladas*; also *bosque bajo*, or *chaparral*)

LOGGED FOREST ON WELL-DRAINED SOILS

The vegetative matrix of the region is that of old secondary forest on sandy-clayey soils. From a bird's-eye view, the tall canopy of this forest is discontinuous and composed of large Brazil-nut trees (*Bertholletia excelsa*) and other emergents, such as *Ficus* spp. (Moraceae) and *Dipteryx micrantha* (Fabaceae) that were not removed for timber harvest in the last four decades. Between these emergents is a continuous canopy of smaller trees with crowns as tall as 15–20 m, providing reasonably moist subcanopy and understory conditions for at least half of the year. The composition of the forest is similar to that of the Tahuamanu region of western Pando (Foster et al. 2002) but without some of the moister elements. In both forests, figs and relatives (Moraceae), legumes (especially Tachigali), and Brazil nuts and relatives (Lecythidaceae) were both species-rich and common.

The midcanopy and understory layers of much of the forest were relatively undisturbed and well developed. Palms, including *Attalea maripa*, *Chelyocarpus chuco*, *Oenocarpus bataua*, and others, were conspicuous and common. Other common plants included the giant herb *Phenakospermum guyannense* (Strelitziaceae), *Theobroma bicolor* (Sterculiaceae), *Apeiba tibourbou* (Tiliaceae), *Pseudolmedia laevis* (Moraceae), *Zanthoxylum ekmanii* (Rutaceae), an *Alseis* sp. (Rubiaceae), *Leonia glycycarpa* and *Rinoreocarpus ulei* (Violaceae), and several species of *Cecropia* and *Pourouma* (Cecropiaceae). *Piper* (Piperaceae), *Costus* (Costaceae), and a few species of Marantaceae and Melastomataceae were abundant in the understory.

Few trunks were covered by mosses at chest height, suggesting periods of drought. The few epiphytes found in this forest grew mostly on the larger, older Brazil-nut trees, which may be the best substrates because they are long-lived and seem to have bark that favors colonization (perhaps because of its ability to retain moisture).

OPEN PAMPAS (PAMPAS ABIERTAS)

In a broader regional context, the pampas in central Pando are outliers—peninsulas and islands, so to speak—in an archipelago of more continuous pampas that extend north-northwestward from the Departments of Beni and Santa Cruz. The annual rainfall decreases from north to south along this archipelago (Killeen 1998, p. 49), and the open pampas of Pando receive more rain on average than the pampas to the south. Because we have little information on runoff and surface retention, we cannot evaluate whether higher rainfall translates

into higher relative humidity, and thus a lower propensity for fire, in the northern pampas.

One of the most striking characteristics of the pampas we visited was their remarkable flatness, in contrast with the rolling terrain of the surrounding forests. This lack of relief suggests very poor drainage, comparable to that of *sartenejal* habitats visited elsewhere in Pando (Alverson et al. 2003). We observed areas that were clearly seasonal pools. Other areas were covered by lateritic crusts and hard nodules of what appeared to be oxidized iron or aluminum. In contrast to many other pampas in Bolivia, termite mounds were rare or absent.

The open pampas varied from almost completely grassy (Figure 2C) to covered with discontinuous clumps of fire-resistant trees and shrubs, such as *Physocalymma scaberrimum* (chaquillo, Lythraceae), *Mollia* cf. *lepidota* (Tiliaceae), *Macairea* (Melastomataceae, Figure 3E), and several genera of Bignoniaceae, Fabaceae, and Malpighiaceae. A stipoid grass and another, large, sterile grass species with a hairy ligule margin (both yet to be determined) were ubiquitous.

We do not know how the pampas in the Área de Inmovilización Madre de Dios were generated, though we expect that the proximal cause is fire. The pampas we examined occurred on extremely flat, poorly drained, acid, and often seasonally inundated soils. The vegetation on these soils appears to be prone to drought and fire in dry years. In some overgrown pampa stands visited, the soil surface was covered with a thick and very dry layer of leaf litter beneath which was a thick, spongy root mat—a single match or lightning strike could start a hot and quickly spreading fire. We did observe charred trunks and stumps scattered across the pampas, but whether these fires were set by humans or lightning was not evident. Though florisitically similar to some types of open savannas present in Parque Nacional Noel Kempff Mercado, 600 km to the southeast in the Department of Santa Cruz (Killeen 1998), the open pampas of Pando may not be formed by the same soil characteristics or flooding regimes.

The most open pampas that we visited, east of Naranjal, were recently and conspicuously grazed by cattle. Cattle may also be present in other pampas in the area, but the relative importance of grazing (versus fire) in preventing the encroachment of trees and shrubs is not known. Once the specimens become available, we should be able to determine whether any of the grasses encountered on these pampas were exotics, brought in as pasturage for cattle.

OVERGROWN PAMPAS (PAMPAS ARBOLADAS)

The satellite image of the Área de Inmovilización Madre de Dios exhibits purple areas that are adjacent to, or surround, bright blue areas that signify open pampas (Figures 1, 2A). These purple areas are covered with relatively low forest, with a canopy that ranges from 5 to 15 m in height and is often dense and full of vines (Figure 2B). These overgrown pampas are apparently formed by natural succession in the absence of fire, but the rate of invasion of trees and shrubs is not known. The current distribution of open pampas and overgrown pampas, as seen in recent satellite images, is essentially the same as that shown on Instituto Geográfico Militar topographic maps compiled in 1982, from 1978 field data. This similarity suggests that change occurs slowly.

The overgrown pampas were complex. *Qualea albiflora* (Vochysiaceae) is often present and emergent to 20 m in the pampas north and east of Naranjal, but the other dominants changed from place to place. At the edge of the overgrown pampa at the end of the road south of Cotoca, *Qualea wittrockii* and a *Vochysia* sp. were emergent and common. Medium-sized trees of *Maprounea guianensis* (Euphorbiaceae), *Crepidospermum* (Burseraceae), and *Schefflera morototoni* (Araliaceae, Figure 3C) were common, as were the smaller *Miconia tomentosa*, *Graffenrieda limbata*, *Tococa guianensis*, and *Mouriri* (all Melastomataceae), *Psychotria prunifolia* (Rubiaceae), and *Vismia* spp. (Clusiaceae).

Ground cover varied greatly among the overgrown pampas visited. Some open areas were grassy or with bare soil, indicating that ponds were formed during the rainy season. Other areas had moderate to very deep leaf litter. On some of the poorest soils, we sank to our knees in the spongy litter and root mat. Nearby, the ground was covered by *Cladonia* lichens, in which two species of diminutive *Schizaea* ferns occurred, reminiscent of highly acid, sterile soils that we observed in central Peru at 1,200 m altitude (Foster et al. 2001).

We were not able to sample the full range of variability of the overgrown pampas during our short stay in the area. During overflights in March 2002, one of us (RF) observed another distinct type of overgrown pampa, dominated by a species of Vochysiaceae which can be seen on the satellite image as a very dark purple-gray area. This image suggests that other variants of overgrown pampas also remain unexplored in the area.

SIGNIFICANT RECORDS

Perhaps most notable of all was the presence of Brazil-nut seedlings and saplings (*Bertholletia excelsa*) along the roadsides throughout the old logged forest surrounding Cotoca. An actively reproducing population of Brazil nuts is rare and a significant asset for Pando. In the active *barracas* (Brazil-nut estates), humans collect virtually all of the Brazil nuts produced, reducing the number of seeds available for germination and growth. But perhaps many seeds fall off the tractor trucks used for harvest, or the intense hunting pressure in the area reduces the number of seed predators, thus increasing the number of viable seeds in at least part of the forest. We encourage further study of Brazil-nut reproduction, and protection of the upland forests here. This unique situation can yield potentially valuable information for *castañeros* (Brazil-nut harvesters) and the Brazil-nut industry throughout Bolivia.

In the well-drained, upland forest, the occurrence of the palm *Chelyocarpus chuco* was notable because it is at or near the western limit of its distribution here. To the west and north it is replaced by another species, *C. ulei*, which is common northwards through Ecuador. Another palm, *Oenocarpus distichus*, was both striking in appearance (Figure 3B) and notable in the pampas. It, too, is at the western limit of its range.

The pampas themselves, in all stages of regeneration, are unique habitats in Pando and significant in being the northernmost extension of this type of habitat in Bolivia (and adjacent Brazil). This type of habitat "jumps" the Beni River but does not seem to cross the Madre de Dios River to the north and west.

In one of the pampas, we were surprised to encounter *Caryocar brasiliensis*. This may be the northern– and westernmost record of the species. The presence of *C. brasiliensis* suggests that the habitat conditions here have something in common with *cerrado* vegetation. This species may be a rare outlier from the pampas just to the east of the Beni River, which from our previous observations have a high percentage of cerrado species.

The very common *Qualea albiflora* (Vochysiaceae) dominated several of the overgrown pampas that we examined and has been collected only once before in Bolivia, by R. Foster near Guayaramerín. Thus, it is a new record for Pando and is likely near the western edge of its range. We also observed this species in overgrown pampas on the eastern side of the Madera River during our travel between inventory sites.

The *Schizaea* ferns in the low forest at the overgrown pampa north of Naranjal seemed anomalous at such a low altitude. Their occurrence is probably due to the very poor, acid soils and poor drainage creating conditions like those in high, wet habitats in the Andes (where we have seen similar *Schizaea*), but we need to confirm the identity and distributions of the two species involved before we can say more.

PLANTS IMPORTANT TO WILDLIFE

The well-drained, upland forests contained many species of Moraceae (figs), Fabaceae (legumes), and large-fruited Arecaceae (palms) that provide edible fruits and seeds for wild animals. However, unlike the upland forests in western Pando that we inventoried in 1999, the populations of trees providing food and fiber to wild animals and humans in the Área de Inmovilización Madre de Dios do not appear to be considerably enhanced by long-term human intervention, with exception of the Brazil nuts.

In the pampas we saw far fewer species that would provide large quantities of food for wildlife. A few species of palm were present and relatively common, and several species of Melastomataceae and Rubiaceae produced edible, fleshy fruits.

INFERRED HISTORY OF HUMAN USE

According to Antonio Sosa E., who accompanied us and had worked in the area for five years, the roads that we used in the Cotoca area were built approximately 40 years ago to transport valuable timber to the main road and to the nearby tributaries of the Beni and Madre de Dios Rivers. Since that time, a large proportion of these upland forests has not been disturbed, except for hunting. Thus, the overall loss of plant species appears to be minimal in the region, though populations of many species were greatly altered.

The extraction of timber and other forest products in the immediate vicinity of the barracas and other settlements is relatively intense, as seen in the satellite images. Elsewhere in the forest, individual trees of value, such as *Amburana* (Fabaceae, locally called tumi or roble) or *Cedrela* (Meliaceae, cedro), are scarce. They are located and often branded when less than 50 cm in diameter and later extracted seasonally. At present, the net effect of this selective logging on forest quality seems small, except that the roads facilitate hunting. However, if additional access roads are constructed, we expect to see more severe consequences.

Virtually every Brazil-nut tree that we saw was tended and harvested. In contrast, we did see rubber trees (*Hevea brasiliensis*, Euphorbiaceae, locally called *goma*), scattered throughout the forest, but the trees bore only old tapping scars.

THREATS AND RECOMMENDATIONS

In the well-drained, upland forests, complete removal of the forest canopy for agriculture or cattle ranching is the biggest threat. If it occurs, forest conversion will cause the local loss (extirpation) of some plant species, a great reduction in the number of individual trees that provide food for wild animals and humans in the area, and greatly increased soil erosion. For this reason, we recommend that the current forest cover be maintained and that care be taken not to drive economically important timber species to local extirpation through overharvest. We also strongly recommend a study of the population biology of Brazil nuts to understand better their exceptional success of reproduction in these forests.

In the pampas, the threats include (1) conversion to cattle pastures, (2) excessive burning, (3) too little burning, and (4) introduction of exotic grasses for pasturage. The third threat—lack of fires to which the ecosystem is adapted—is comparable to the loss of prairie and savanna habitats in the Midwestern United States when settlers began to suppress natural fires in the 1880s. We may never know the degree to which humans influenced the historical fire regime in these pampas, but we can predict that if fire is suppressed, diversity will erode slowly through loss of species favoring open conditions.

We recommend a study to document the speed at which unburned pampas are recolonized by woody vegetation and become overgrown pampas (pampas arboladas, or chaparral). We also recommend a study to determine whether grazing by cattle is a substitute for fire in maintaining species adapted to open conditions or, alternatively, a serious cause of species loss within the pampas.

AMPHIBIANS AND REPTILES

Participants/Authors: John E. Cadle and Marcelo Guerrero

Conservation Targets: A typical southwestern Amazonian herpeto-fauna and the intact, moist understory habitats that support it

METHODS

We sampled the forested region near Cotoca from 7 to 12 July 2002. Coordinates and general descriptions of these sites are given in the Overview of Inventory Sites section, above.

We primarily used transect sampling and random-encounter survey methods to inventory amphibians and reptiles. We also set out a linear, 60-m-long, drift-fence/pitfall trapline using 35-cm-deep buckets spaced at 6-m intervals. The trapline was placed in an area of minimally disturbed forest near the campsite. We attempted to obtain voucher specimens for all species encountered except for crocodilians, which were photographed. However, some species were recorded only by sight or (for frogs) by calls, as indicated in Appendix 2. We walked trails during both day and night surveys. In addition, we focused on specific kinds of microhabitats, such as ponds, streams, and rivers, that might be used by amphibians and reptiles. Voucher specimens are deposited in the Museo de Historia Natural "Pedro Villalobos" (CIPA, Cobija), the Universidad Nacional de Pando (Cobija), and the Museo de Historia Natural "Noel Kempff Mercado" (Santa Cruz). Representative samples will ultimately be deposited in The Field Museum (Chicago).

Our survey methods did not yield results interpretable as quantitative measures of species' relative abundances. Because we conducted the survey during the dry season, the most unfavorable period for activity of most amphibians and reptiles in the region, we did not detect certain species that we are reasonably sure are common or abundant elements of the fauna surveyed. In addition, reliably assessing relative abundance of most tropical rainforest herpetofaunas requires repeated measurements of relative abundances at the same site over long periods because of the strong dependence of amphibian and reptile activity on micro-climatic variables at small spatial scales.

RESULTS

We recorded 19 species of reptiles (8 of snakes, 10 of lizards, and one crocodilian) and 19 species of amphibians (all frogs) from the study site (Appendix 2). All species except for one lizard (*Pantodactylus schreibersii*) were from forest habitats; we made only a brief reconnaissance of the pampas in the area because of extreme dryness. Only one specimen (*Bachia* sp.) was obtained from the pitfall traps, and another specimen of this species was obtained by random search underneath a small rotting log. All of the species we recorded are common elements of herpetofaunas in southwestern Amazonia, and have been recorded at other well-inventoried sites in southeastern Peru (Manu National Park, Tambopata Reserve, Cuzco Amazónico [Rodríguez and Cadle 1990, Morales and McDiarmid 1996, Duellman and Salas 1991, R. McDiarmid pers. comm.]) and northern Bolivia (Reserva Nacional Manuripi [L. Gonzales, pers. comm.]). Many are widespread Amazonian species and are found, for example, in the region of Iquitos, Peru (Dixon and Soini 1986, Rodríguez and Duellman 1994); Santa Cecilia, Ecuador (Duellman 1978); or Manaus, Brazil (Zimmerman and Rodrigues 1990). The species of amphibian or reptile we observed are not local or regional endemics. The fauna is characteristic of other areas of northern Bolivia and southeastern Peru (Cadle and Reichle 2002).

Because we were sampling during the dry season, we detected only a small portion of the amphibians and reptiles that are expected for the study site. Frog activity was especially low, manifested by few active individuals, few species calling, and the absence of egg masses or tadpoles in aquatic habitats. Judging from more thoroughly inventoried sites in southwestern Amazonia, we suspect that the total herpetofauna for the Madre de Dios study site would be 140–160 species (approximately 80 species of reptiles and 60–80 species of amphibians). Our rapid inventory probably detected only about 25–30% of the frog species and 25% of the reptiles that might be expected. More complete inventories of amphibians and reptiles need to be conducted during the rainy season, and special attention should be given to pampa habitats, as these are the most likely habitats to harbor local or regional herpetofaunal endemics.

All of the species we observed or collected are characteristic of forest habitats. We did not sample the pampas in the region for two reasons. First, pampas are open habitats and much more subject to the effects of the dry season than the adjacent forests; our initial assessment of the lack of moisture in the pampas suggested that our time could be more productively spent sampling the adjacent forests. Second, the lack of trails or other access through the pampas made an adequate sample of small cryptic organisms, such as most amphibians and reptiles, difficult because these habitats have a dense cover of woody and herbaceous vegetation. However, we think that future surveys of the herpetofauna of this region should pay particular attention to the pampas (see recommendations for research below).

THREATS AND RECOMMENDATIONS

The herpetofauna represented in our sample does not suggest any particular importance of this area in terms of amphibian and reptile conservation. None of the species observed is recognized as endangered either regionally or internationally. Other sites in the general region of Pando probably have herpetofaunas at least as intact as that represented at Cotoca, and many are probably less disturbed by logging and hunting. Nonetheless, future studies should focus specifically on the pampas in the region to assess endemism and species richness of these habitats that we did not sample.

The most general threat to maintenance of this herpetofaunal assemblage is forest disturbance and clearing, though we cannot specify or quantify these effects in detail. The most damaging influence of forest disturbance insofar as the herpetofauna is concerned is a general drying of forest microhabitats (e.g., leaf litter) that are very important for many species of amphibians and reptiles. Any management of these forests should strive to maintain more or less intact moisture, light, and temperature regimes of the understory, leaf litter, and ground surface.

NEEDS AND OPPORTUNITIES FOR FUTURE INVESTIGATION

Long-term surveys of herpetofauna are in short supply in most of Amazonia. Although several sites have been surveyed within southwestern Amazonia, the micro-geographic scale of the distribution of some species indicates that we can learn much from surveys in new regions. Obviously, for amphibians and reptiles, these surveys should be conducted during the seasons most favorable for activity (i.e., the rainy season).

We need to understand the effects of disturbance on particular species of amphibians and reptiles. This phenomenon has been studied in Amazonia only in the vicinity of Manaus, Brazil (Zimmerman and Rodrigues 1990). These studies should be replicated, especially in the different forest types that are present in southwestern Amazonia but not in central Amazonia. Historical records of forest disturbance in Pando offer an opportunity to evaluate these effects on individual species of amphibians and reptiles.

Specific targets for future inventories and research, and some special opportunities, are afforded by the pampas in the sampled region of Madre de Dios. The pampas are the least known, herpetologically, of any habitats in northern Bolivia and southern Peru. This provides a strong motivation to inventory them thoroughly. These habitats are also the most likely to harbor locally or regionally endemic amphibians or reptiles. Furthermore, the pampas offer an opportunity to conduct a multifactorial study of the effects of habitat fragmentation and other factors on the composition of local herpetofaunas. The pampas are, in essence, islands surrounded by a sea of forest. They vary in size, vegetation cover, frequency of burns, frequency and duration of inundation, and many other characteristics. Both the theory of island biogeography and its empirical results can be applied to the series of pampa islands in northern Bolivia and southern Peru. In addition to its considerable theoretical and empirical value, such a study would have direct conservation implications because the effects of varying levels and types of disturbance on herpetofaunal communities could be assessed and applied to management of these ecosystems. Such an approach should also be applicable to organisms other than amphibians and reptiles that are reasonably sedentary and unlikely to cross expanses of forest to reach other pampa islands (e.g., plants with limited dispersal ability, certain insects).

BIRDS

Participants/Authors: Brian O'Shea, Johnny Condori, and Debra Moskovits

Conservation Targets: Large birds hunted for food and medicine; pampas birds; parrots

METHODS

From 7 to 12 July 2002 we walked roads and trails in and around the Área de Inmovilización Madre de Dios to locate and identify birds. Observers usually walked alone, and did not travel far within sites because of the short duration of our visits. We concentrated our survey effort in forest along the road near our base camp at Cotoca and spent all of our early mornings there. On days when we traveled by vehicle to sites away from base camp, O'Shea and Condori departed camp well before first light, walking down the road in the direction in which we were to travel, to be picked up by the rest of the team about one hour after sunrise. On these days, we usually did not return to camp before dark, but if any light was available upon our return, O'Shea walked the road until dusk.

We never reached pampas before midmorning, when bird activity had virtually ceased, but we attempted to locate birds in these areas by walking available trails and roads. We also walked along the edges between pampas and tall forest and, in late afternoons, across the pampas themselves. In all cases we were limited in our coverage by time—some sites were surveyed only for a few hours—and consequently by the need to remain relatively close to our vehicle.

All field observers carried binoculars, and O'Shea carried a cassette recorder with a directional microphone to record bird sounds.

RESULTS

We observed 241 species at the Madre de Dios study sites. Of these species, we recorded 210 from the forest near Cotoca and southward, and 81 from pampas and associated forest islands and edges. The forest avifauna seemed incomplete for southwest Amazonia.

We noted many mixed-species canopy flocks of flycatchers and tanagers, some of which were very species-rich. On several occasions, we recorded flocks containing more than 40 species. Common species in these flocks included *Ancistrops strigilatus*, *Myrmotherula sclateri*, *Tolmomyias poliocephalus*, *Hylophilus hypoxanthus*, and *Tachyphonus cristatus*. By contrast, we observed few understory flocks, and several thamnophilid and furnariid taxa that occur in such flocks elsewhere seemed rare or absent. For example, *Automolus ochrolaemus* was not common, and we noted *Thamnomanes ardesiacus* on just two occasions, and never in association with other species. *Habia rubica*, a highly vocal species that often forms the nucleus of understory flocks, was not detected. We found little evidence of army ants, but we recorded *Gymnopithys salvini*, an obligate army ant follower.

The logging that has occurred in and around the Área de Inmovilización may have affected the structure of the forest to make it unsuitable for species usually associated with the dim understory of primary forest. The retention of large Brazil-nut trees, combined with a well-developed middle stratum, seems to provide canopy birds with acceptable habitat, though we noted some unexpected absences. For example, *Pitylus grossus* and *Lanio versicolor*, two species that are typically common members of canopy mixed flocks in southern Amazonia, were not detected in the area.

Bird species usually hunted in Amazonia were rare at our study sites. Most surprising was the low abundance of terrestrial doves (*Geotrygon*, *Leptotila*); we heard them on very few occasions and saw only one, flushed by our vehicle along the road near the Cotoca Camp. Large tinamous (*Tinamus*) were also rare, with only one species encountered; we never saw one, and heard them only rarely, always very late at night (between midnight and 5:00 a.m.). *Penelope*, a large guan that is intensively sought for food, also seemed rare; we saw only one, though we heard one or two daily at dawn. We found no evidence of curassows (*Crax*). Large parrots, particularly macaws (*Ara*), were very scarce. Virtually every local person encountered along the roads was carrying a shotgun or rifle, and frequently a bag of freshly killed game (Figure 4D). The rarity (or perhaps extreme shyness) of these bird species, combined with our observations of hunting by local people, suggests that hunting pressure is very heavy on large forest birds in this area.

The most noteworthy forest species that we encountered in our survey was *Morphnus guianensis*, a raptor that needs large areas of intact forest and healthy populations of its preferred prey (small- to medium-sized arboreal mammals) to survive. Its presence was surprising given the disturbed state of the forest and the apparently low populations of large birds and mammals. Unfortunately, the only individual that we encountered was a fledgling that had been killed by a local hunter, apparently for medicinal purposes.

The pampas avifauna was not surveyed adequately. We never reached these sites before midmorning and usually departed to base camp in midafternoon. We thus surveyed the pampas when the resident birds were least active. Strong breezes during midday further hampered our survey effort. As a result, we recorded relatively few species from these areas. We did survey one patch of pampas near Naranjal until sunset on 10 July. Despite the sub-optimal conditions during our surveys, we recorded several species expected in the pampas but not in forested landscapes in the region. All of these species (except *Schistochlamys*) are new records for the Department of Pando: *Gampsonyx swainsonii*, *Micropygia schomburgkii*, *Formicivora grisea*, *Elaenia cristata*, *Tyrannus albogularis*, *Xenopipo atronitens*, *Schistochlamys melanopis*, and *Ammodramus humeralis*. The presence of these birds indicates that several savanna-inhabiting species have colonized the relatively small and isolated patches of pampas in Madre de Dios, presumably from the much larger savannas to the south and east, in the Departments of Beni and Santa Cruz. However, we did not find other conspicuous savanna species that are characteristic of Beni. These species include *Xolmis cinerea* and *Nystalus chacuru*, which have been recorded from the even more isolated, but larger, Pampas del Heath in Peru. Given the apparent absence of these species, we question the ability of the pampas of Madre de Dios to sustain a representative suite of obligate savanna species, especially those that are typically associated with wet savanna (all areas surveyed were very dry). A more thorough survey of the characteristics of Pando's pampas is necessary before we can draw more concrete conclusions regarding their value to bird conservation.

THREATS AND RECOMMENDATIONS

The avifauna of Madre de Dios faces threats from hunting and degradation of habitat. We recommend a more thorough inventory of the pampas, as well as monitoring of the populations of game birds and parrots. A study of the responses of the understory bird community to maturation of the forest would also be of interest. Finally, education of local residents could reduce the killing of animals for ineffective folk medicines.

LARGE MAMMALS

Participants/Authors: Sandra Suárez and Gonzalo Calderón

Conservation Targets: CITES I and II species; large mammals

METHODS

We inventoried nocturnal and diurnal large mammals with a combination of methods, including visual sightings; secondary clues such as distinctive odors, tracks, vocalizations, nests or dens; and other evidence such as chew marks, holes, urine, and feces. These data were collected by walking transects and roads between the hours 6:30 a.m. and 6:30 p.m. for diurnal mammals and from 6:30 p.m. to 12:15 a.m. for nocturnal animals. We completed 48.5 observer hours over three days. We visited the following sites: Cotoca Camp and

vicinity (22.75 h); Cotoca Road South (8 h); Pampa de Blanca Flor (8 h); Pampa Arbolada, Naranjal Noroeste, and Pampas Abiertas Naranjal Este east of Naranjal (9.75 h). Records at other sites are based on observations from other biologists.

To complement this simple survey method, we created "track scrapes" along one transect at Cotoca. These scrapes were produced by clearing all the leaf and other organic debris from an area along a transect and sifting approximately 1 cm of dirt over the clearing using 2-mm plastic mesh. We made 14 scrapes approximately 100 m apart, each measuring approximately 50 by 100 cm. These pits were revisited once after 24 h to check for animal tracks. Unfortunately, this method did not prove to be very effective. We recorded most animal tracks along stream edges, roadsides, and in mud wallows.

Each group or solitary animal recorded was counted as one registry, and we were careful to count only once the same group or animal seen by several observers. For tracks, we counted one record per site, wallow, stream edge, or mud pit along a road. Whether one animal/group or several animals/groups left tracks in an area, we noted a single record, as we could not distinguish among the tracks of individuals or assess the age of the tracks, which in most cases were drying out. Therefore, we believe our records to be underestimates of the actual numbers of individuals present.

We estimated abundance per taxon based on the number of registries during our field inventory. The five categories for abundance are as follows in descending order: abundant, more common, common, less common, and rare. Species that were expected but not registered are listed as such. These categories are broad and take into consideration the expected abundance for the animal in question and whether the records are based on sightings or secondary evidence.

"**Abundant**" describes species that are commonly seen, or which may be difficult to see, but with very common secondary evidence.

"**More common**" describes species that are sometimes or commonly seen, or whose secondary evidence is commonly seen.

"**Common**" refers to animals that are not difficult to see, or whose secondary evidence is normally present in an area, but are not as widespread as "more common" species.

"**Less common**" is a category including species that are not normally common to see, but are registered more than once.

"**Rare**" is used for species that are usually almost never seen but were registered at least once.

We placed some species in different categories, even though they were registered almost the same number of times, by comparing their abundance at the rapid inventory sites with their abundance elsewhere in the region. For example, agoutis (*Dasyprocta variegata*) are abundant in most regions of Pando but are heavily hunted in the Madre de Dios study sites. We saw none, and registered only four records based on tracks, so we estimated their abundance to be "less common." On the other hand, we recorded ocelots (*Leopardus pardalis*) five times, and three of these records were actual sightings. Since ocelots are not commonly seen elsewhere in the region, we categorized these animals as "common" in Madre de Dios.

RESULTS

We recorded 23 species of large mammals in Madre de Dios, half of the 46 species that we expected in the area. Our expectations were based on observations in other areas of Pando and on distribution maps in Emmons (1997). Most of our records came from tracks, with very few sightings of large mammals during the inventory. When compared to the rest of Pando and other Amazonian regions, the area appears to have a low density and species richness of large mammals (in particular, primates, which are very common and species-rich in most of Pando). We recorded only 5 out of a possible 10 primate species, of which the

most common was the brown capuchin monkey (*Cebus apella*), which was seen only three times during the inventory (including one sighting in a hunter's knapsack). Even small primates such as saddleback tamarins (*Saguinus fuscicollis*) and night monkeys (*Aotus nigriceps*), which are very abundant throughout Pando, were very rare at the Madre de Dios inventory sites.

Small cats (*Leopardus*), including ocelots (*Leopardus pardalis*) and to some extent margays (*L. wiedii*), were the only large mammals that may be more common than expected. We spotted them several times. The reason for their apparent high density is unclear but may be due to an abundance of prey items. Although small mammals were not formally inventoried, we noted a high level of nocturnal activity of small rodents (Muridae and Echimyidae) and opossums (Didelphidae), which are primary prey items for *Leopardus*.

Especially scarce were the mammals most commonly hunted by humans. These include all very large-bodied species, such as deer (*Mazama* spp.), tapirs (*Tapirus terrestris*), and peccaries (*Tayassu* spp.), and large primates like howler monkeys (*Alouatta sara*). Even smaller mammals, such as agoutis (*Dasyprocta variegata*) and pacas (*Agouti paca*), that are usually very abundant in Pando despite hunting were relatively rare at the Madre de Dios study sites. We recorded these species primarily by tracks. Given how often we saw human-killed animals in the short time that we were in Madre de Dios (Figure 4D), we suspect that the primary reason for these low densities is excessive hunting. Similar observations were recorded for large-bodied, commonly hunted bird species (see Birds, above).

THREATS

The low abundance and density of large mammals at Madre de Dios may be due, in part, to the natural history of the area, where open pampas and pampas in various stages of secondary growth may reduce colonization by large forest mammals. Logging 30–40 years ago may have reduced populations of large mammals, although other logged areas of Pando do not have such dramatically low densities, and mammal populations should have recovered at least partially after so many years.

Although habitat destruction is a threat to large mammals everywhere, it does not seem to be a primary threat to these populations. At present, neither large cattle pastures nor agricultural developments characterize this region.

We believe that the primary threat to large mammals in the area is intense hunting. With a local market for bushmeat nearby, and a heavy demand for animal protein by local inhabitants, the density of large mammals has suffered. If large-mammal populations were depressed by logging or limited by the natural history of this area prior to the arrival of human settlements, they may not recover because of the intense hunting pressure now exerted by the human inhabitants of the region.

RECOMMENDATIONS

We recommend educational efforts devoted to natural-resource management and aimed at local communities. The primary concerns should be hunting and programs for long-term sources of protein. If residents understand the severe, long-term consequences of their current consumption of bushmeat, they will have a foundation for changing their behavior and for securing protein sources for themselves and future generations.
The danger to the mammal populations presented by the local market for wild meat is no doubt linked to a lack of economic alternatives for local people. Any program developed and implemented in the region should address such alternatives concurrently with conservation issues.

For a further understanding of mammals in this region we recommend more inventories, particularly in the pampas areas, where we were unable to inventory at night. Small rodents (Rodentia) would also be interesting to study in the pampas. A small-mammal inventory is needed to understand fully the mammal populations in Madre de Dios. Nocturnal rodents were moderately to highly abundant in the forested areas; they should be evaluated as a conservation target and their species richness should be assessed.

HUMAN COMMUNITIES

Participants/Authors: Alaka Wali and Mónica Herbas

Conservation Targets: Brazil-nut harvesting as a primary economic activity; long-term sources of wood and protein (including wild game)

From 25 to 27 July 2002 we visited three communities: Blanca Flor, the municipal seat of the Municipality of San Lorenzo; and Naranjal and Villa Cotoca, both of which are within an area petitioned for status as a *Tierra Comunitaria de Origen* (TCO; the designation that affords legal status for indigenous lands). Because we had only three days for the visit, interviews with key informants and town meetings in each community were the sources for the information reported here.

HISTORY

The three communities share a common history. In the early part of the twentieth century, wealthy elites established estates (*barracas*) to harvest rubber and Brazil nuts and brought laborers from other parts of Bolivia, including Tacana Indians from the Ixama region of the Department of La Paz (who came during the 1940s), as well as Ese-Eja Indians and people from the Department of Beni. Between 1950 and 1980, the economy based on rubber and Brazil nuts collapsed and the estate owners largely abandoned their operations, leaving the workers to fend for themselves. Gradually, the communities organized and obtained *personería jurídica* (legal status as an incorporated community): Blanca Flor (founded on the barraca of Nicolás Suárez) obtained its status in 1953, and Naranjal and Villa Cotoca in 1995.

In the late 1990s, the community of Naranjal, together with the other indigenous communities in the municipality, decided to petition the national government for designation as a TCO. The community claimed the former lands of the Empresa Hecker, then a prominent family-owned enterprise. The petition is still pending as the indigenous communities and the government of the municipality attempt to reconcile a dispute about the TCO boundaries. Villa Cotoca joined the petition only very recently (in May 2002), because initially they were not sure if they constituted an indigenous community, since they have a mixed population.

DEMOGRAPHY

The Municipality of San Lorenzo, of which Blanca Flor is the municipal seat, comprises 33 communities, of which 11 consider themselves primarily indigenous (Tacana, Ese-Eja, and Cobiana). Blanca Flor has approximately 450 inhabitants, Naranjal has 197, and Villa Cotoca 91 (according to leaders in each community). The three communities have similar settlement patterns, with the majority of houses concentrated together and a few houses dispersed on the outskirts of the settlement. Blanca Flor (Figures 4E, 4F) has a main central plaza, which at the time of the visit consisted mainly of a large grassy field (big enough for landing a small airplane), although a more formal plaza was also under construction. Surrounding the main field are the municipal office buildings, some residences, and the health clinic, which was built in 2000 and has inpatient capacity. The school is at one end of the central field. Several small streams run through the town; they provide drinking water and are used for bathing and washing clothes. Naranjal, which also lies near a stream, is situated about 20 km northwest of Blanca Flor along the main road between Cobija, Sena, and Riberalta. It does not have a major plaza and houses more commonly have thatched roofs. Villa Cotoca is approximately 14 km west of Naranjal on the road between Naranjal and Sena. It appears much smaller than the other two villages and is set back from the road a short distance, with a few houses on the opposite side of the road. Here a grassy field seems to serve as a soccer field.

In the last ten years, migration apparently has increased due to the opening of the road between Riberalta and Cobija. Most of the migrants are from the Department of Beni. Although only 11 of the settlements in the municipality are self-declared indigenous communities, almost all of the communities are multi-ethnic, according to the mayor of Blanca Flor.

The mayor stated that in the other communities there is a reluctance to recognize the indigenous heritage of the people.

ECONOMY

The economy of all three communities is based primarily on subsistence-oriented horticulture. The principal source of income for the majority of people is the sale of Brazil nuts. Secondary sources of income are the sale of rice and fruits from the horticulture plots and (apparently) the sale of game meat (principally in Naranjal and Villa Cotoca). We do not know the extent of the trade in bushmeat, or how much revenue it generates, but the biological team observed hunters carrying fresh game every day in the field. A third source of income is day labor on the nearby cattle estates scattered along the roadsides (this seems to apply more to residents in Blanca Flor), but we were unable to ascertain the number of cattle estates in the municipality. Additionally, in Blanca Flor some residents work full time for the municipal government and may not even have horticultural plots. Most of the sale of products occurs in exchange with entrepreneurs from Riberalta. Either residents of the communities travel to Riberalta and sell their products there, or middlemen come from Riberalta to buy the products from community members. Knowledge about, or exchange with, Cobija did not appear to be extensive. Residents from Blanca Flor seem to work primarily as nuclear family units. Residents of Naranjal and Villa Cotoca stated that they did horticultural work communally.

Particularly in Blanca Flor, occupations and specialization are diverse. Naranjal and Villa Cotoca, which are smaller and more oriented toward subsistence horticulture, do not appear to have the same level of occupational diversity.

SOCIAL ORGANIZATION AND INFRASTRUCTURE

The three communities all orient themselves administratively to the municipality. Now that Naranjal and Villa Cotoca have joined in the petition for the TCO, they also work with the primary organization representing indigenous communities in the Pando, the Central Indígena de Pueblos Amazónicas de Pando (CIPOAP); Naranjal is more closely connected to CIPOAP than is Villa Cotoca. The communities involved in the TCO petition also rely on a Santa Cruz-based nongovernmental agency—(CEJIS)—to provide legal advice for their petition.

Blanca Flor, as the municipal seat, has the closest relationship with the municipal government and is home to the mayor of the municipality as well as other government officials. Naranjal and Villa Cotoca also have communal governance mechanisms, such as a community president and an *Organización Territorial de Base* (OTB). The municipality counts on the strong presence of a *sindicato*, a type of citizens' organization designed to monitor local government activities and hold elected officials accountable. The head of the municipal branch of the sindicato indicated that he was trying to mediate between the municipal government and the communities advocating for the TCO. *Comités de Vigilancia*, whose role is to monitor the governmental structures, also are present in the various communities.

Blanca Flor has the largest health center in the region, staffed by several nurses and visiting doctors who come on regular rotation. Also, Blanca Flor has an integrated school system (i.e., several levels unified under one administration) and includes a secondary school. Both Naranjal and Villa Cotoca have primary schools only; Naranjal's school has two classrooms, and Villa Cotoca one. Blanca Flor has a large meeting hall for municipal assemblies and several small churches. Villa Cotoca has a Catholic church.

All three communities have easy access to the main road between Cobija and Riberalta. Additional means of communication are afforded to Blanca Flor by a public telephone connection maintained by ENTEL, the national telephone agency. All three communities use radio as a communication medium as well (although only Blanca Flor has a radio communication system). Vehicular traffic is frequent in these communities, and some residents have motorbikes for personal use.

When asked about the role of women in Blanca Flor, people at a town meeting asserted that women are active participants in the economic and social life of the community and are perhaps more concerned than are men for the protection of the natural resources because they must pay attention to the use of water, fuel, and other resources used in daily domestic life. One woman spoke of her concern that fires set to clear land for planting were not carefully monitored and could be potential threats to the environment.

RESIDENTS' CONCERNS AND ATTITUDES ABOUT CONSERVATION

Although the short duration of our inventory did not permit us to delve into details, interviews and town meetings revealed that community leaders and residents definitely were interested in local biological diversity and desired to learn more. In Blanca Flor, local municipal authorities were eager to obtain the results of this rapid biological inventory (and the inventory team has been informally invited to return and make a public presentation), as was also the case in Naranjal and Villa Cotoca. Curiosity about how the RBI team conducts its inventories was high, particularly in Villa Cotoca, where residents had the opportunity to visit the base camp or witness team members collecting the data. Also, in Blanca Flor the director of the integrated school system and the head of the Asociación de Padres de Familia (APAFA; the equivalent of the Parent–Teachers Association in the United States) were extremely interested in developing teaching materials about the local biological diversity and integrating environmental education into the curriculum for all grade levels. In general, although attitudes toward the environment are heterogeneous, residents' primary concern is maintaining a viable livelihood, but with some sensibility toward sound management of natural resources.

Expectations in the three communities center on obtaining access to technical assistance for developing sound resource management strategies. In Blanca Flor, these expectations have high priority for municipal leaders and also for the residents, who hope that collaborating with conservation efforts can assist in improving the quality of their lives. However, residents assert that any intervention should be accomplished through full consultation with community and municipal authorities. Municipal council members at a meeting expressed skepticism about nongovernmental organizations, which they stated had often started projects but then abandoned the community or otherwise failed to follow through.

Residents stated their need for improved means of transport to gain more efficient access to the market. They expressed concern that the new forestry law (Ley Forestal) is not evenly applied and that large-scale lumber operators could benefit at the expense of small communities. For example, the mayor of Blanca Flor stated that the municipality was not receiving any "royalties" from concessions, and that because the Superintendencia Forestal in the vicinity lacks a forestry unit, they had no way to monitor illegal logging. For authorities in Naranjal and Villa Cotoca, obtaining final approval from the Instituto Nacional de Reforma Agraria (INRA) for the TCO petition was a paramount concern. They perceive that a secure land title is a necessary first step to better management of their natural resources.

THREATS, ASSETS, AND RECOMMENDATIONS

Threats to effective conservation efforts include the increase in migration to the zone, the lack of trust in departmental-level government and international development efforts (because of a history of failed projects, implemented with little or no follow-through), and historical lack of technical support for the development of resource management plans. Also, natural resources have been overexploited, as evidenced, for example, by the sale of bushmeat (which deserves further investigation). Another potential obstacle for conservation efforts is the dispute over the boundaries of the proposed TCO between the municipal government and the indigenous communities.

The social assets we identified during our visit include (1) the apparent mechanisms for achieving consensus at the community level, (2) an indication of a solid form of social organization, (3) a history of efforts to organize the communities and obtain legal recognition of their incorporation as well as the efforts to establish the TCO, and (4) the active participation of community residents in civic life. Also, the enthusiasm of the school directors for access to environmental education program indicates a willingness to collaborate with conservation efforts. The efforts to recuperate and revitalize indigenous knowledge systems and cultural practices in Naranjal and Villa Cotoca also indicate a desire to maintain a distinct cultural identity that can be compatible with a low-impact, ecologically sensitive mode of livelihood.

Our recommendations for conservation efforts in this region are the following:

(1) Work through municipal and local community leaders after providing a detailed presentation of the rapid biological inventory results. The presentation should be organized with sufficient advance notice to allow authorities to inform community residents about upcoming assemblies.

(2) Investigate further possibilities of creating environmental education programs that incorporate the rapid biological inventory findings through development of curricular materials, maps, and other products for classroom use.

(3) Conduct a full-scale asset mapping prior to designing active intervention efforts.

Apéndices/Appendices

Plantas/Plants

Especies de plantas vasculares registradas en el Área de Inmovilización Madre de Dios y los alrededores en el Departamento de Pando, Bolivia, del 7 al 12 de julio 2002 por Robin B. Foster, William S. Alverson, Janira Urrelo, Julio Rojas, Daniel Ayaviri, y Antonio Sosa. La información presentada aquí se irá actualizando periódicamente y estará disponible en la página web en *www.fmnh.org/rbi*.

PLANTAS/PLANTS			
Familia/Family	**Género/Genus**	**Especie/Species**	**Autor/Author**
SPERMATOPSIDA (Plantas con Semillas/Seed Plants)			
Acanthaceae	*Justicia*	(1 sp.)	–
Acanthaceae	*Mendoncia*	(2 spp.)	–
Acanthaceae	*Pseuderanthemum*	(1 sp.)	–
Acanthaceae	*Pulchranthus*	*adenostachyus*	(Lindau) V.M. Baum, Reveal & Nowicke
Acanthaceae	*Ruellia*	*brevifolia*	(Pohl) C. Ezcurra
Acanthaceae	*Ruellia*	(1 sp.)	–
Amaranthaceae	*Cyathula*	(1 sp.)	–
Anacardiaceae	*Astronium*	*urundeuva* cf.	(Allemão) Engl.
Anacardiaceae	*Spondias*	*mombin*	L.
Anacardiaceae	*Tapirira*	*guianensis*	Aubl.
Annonaceae	*Cymbopetalum*	(1 sp.)	–
Annonaceae	*Duguetia*	(1 sp.)	–
Annonaceae	*Guatteria*	(1 sp.)	–
Annonaceae	*Malmea* s.l.	(1 sp.)	–
Annonaceae	*Xylopia*	*sericea*	A. St.-Hil.
Annonaceae	*Xylopia*	(1 sp.)	–
Annonaceae	(2 spp.)	–	–
Apocynaceae	*Aspidosperma*	*macrocarpon*	Mart.
Apocynaceae	*Aspidosperma*	*rigidum*	Rusby
Apocynaceae	*Aspidosperma*	(1 sp.)	–
Apocynaceae	*Aspidosperma* cf.	(1 sp.)	–
Apocynaceae	*Himatanthus*	*obovatus*	(Müll. Arg.) Woodson
Apocynaceae	*Himatanthus*	*sucuuba*	(Spruce ex Müll. Arg.) Woodson
Apocynaceae	*Tabernaemontana*	*undulata* cf.	Vahl
Apocynaceae	*Tabernaemontana*	(1 sp.)	–
Apocynaceae	(3 sp.)	–	–
Araceae	*Anthurium*	*clavigerum*	Poepp.
Araceae	*Monstera*	(2 spp.)	–
Araceae	*Philodendron*	*deflexum*	Poepp. ex Schott
Araceae	*Philodendron*	*ernestii*	Engl.
Araceae	*Philodendron*	*scandens*	K. Koch & Sello
Araceae	*Philodendron*	(2 spp.)	–
Araceae	*Syngonium*	(1 sp.)	–
Araliaceae	*Dendropanax*	(1 sp.)	–
Araliaceae	*Schefflera*	*morototoni*	(Aubl.) Maguire, Steyerm. & Frodin
Arecaceae	*Astrocaryum*	*aculeatum*	G. Mey.
Arecaceae	*Astrocaryum*	*murumuru*	Mart.

Vascular plants observed in and around the Área de Inmovilización Madre de Dios, Pando, Bolivia, from 7 to 12 July 2002 by Robin B. Foster, William S. Alverson, Janira Urrelo, Julio Rojas, Daniel Ayaviri, and Antonio Sosa. Updated information will be posted at *www.fmnh.org/rbi*.

PLANTAS/PLANTS

Familia/Family	Género/Genus	Especie/Species	Autor/Author
Arecaceae	*Attalea*	*maripa*	(Aubl.) Mart.
Arecaceae	*Attalea*	*phalerata*	Mart. ex Spreng.
Arecaceae	*Attalea*	*speciosa*	Mart.
Arecaceae	*Bactris*	*hirta*	Mart.
Arecaceae	*Bactris*	*simplicifrons*	Mart.
Arecaceae	*Bactris*	(2 spp.)	–
Arecaceae	*Chelyocarpus*	*chuco*	(Mart.) H.E. Moore
Arecaceae	*Euterpe*	*precatoria*	Mart.
Arecaceae	*Geonoma*	*deversa*	(Poit.) Kunth
Arecaceae	*Iriartea*	*deltoidea*	Ruiz & Pav.
Arecaceae	*Mauritia*	*flexuosa*	L. f.
Arecaceae	*Mauritiella*	*armata*	(Mart.) Burret
Arecaceae	*Oenocarpus*	*bataua*	Mart.
Arecaceae	*Oenocarpus*	*distichus*	Mart.
Arecaceae	*Oenocarpus*	*mapora*	H. Karst.
Arecaceae	*Socratea*	*exorrhiza*	(Mart.) H. Wendl.
Arecaceae	*Syagrus*	(1 sp.)	–
Asclepiadaceae	(2 spp.)	–	–
Asteraceae	*Adenacanthus*	(1 sp.)	–
Asteraceae	*Ageratina*	(1 sp.)	–
Asteraceae	*Bidens*	(1 sp.)	–
Asteraceae	*Mikania*	(1 sp.)	–
Asteraceae	*Pseudelephantopis* cf.	(1 sp.)	–
Asteraceae	*Vernonia*	(1 sp.)	–
Asteraceae	*Vernonianthus*	(1 sp.)	–
Asteraceae	(3 spp.)	–	–
Bignoniaceae	*Jacaranda*	*copaia*	(Aubl.) D. Don
Bignoniaceae	*Jacaranda*	*obtusifolia*	Bonpl.
Bignoniaceae	*Macfadeyana*	(1 sp.)	–
Bignoniaceae	*Musatia*	(1 sp.)	–
Bignoniaceae	*Pyrostegia*	(1 sp.)	–
Bignoniaceae	*Tabebuia*	(1 sp.)	–
Bignoniaceae	(22 spp.)	–	–
Bombacaceae	*Ceiba*	*insignis*	(Kunth) P.E. Gibbs & Semir
Bombacaceae	*Ceiba*	*pentandra*	(L.) Gaertn.
Bombacaceae	*Huberodendron*	*swietenioides*	(Gleason) Ducke
Bombacaceae	*Ochroma*	*pyramidale*	(Cav. ex Lam.) Urb.
Bombacaceae	*Pachira*	*aquatica* cf.	Aubl.
Bombacaceae	*Pachira*	(1 sp.)	–

PLANTAS/PLANTS			
Familia/Family	**Género/Genus**	**Especie/Species**	**Autor/Author**
Boraginaceae	*Cordia*	*alliodora*	(Ruiz & Pav.) Oken
Boraginaceae	*Cordia*	*nodosa*	Lam.
Boraginaceae	*Cordia*	(1 sp.)	–
Bromeliaceae	(1 sp.)	–	–
Burseraceae	*Crepidospermum*	*goudotianum*	(Tul.) Triana & Planch.
Burseraceae	*Crepidospermum*	*rhoifolium*	Triana & Planch.
Burseraceae	*Protium*	*aracouchini* cf.	(Aubl.) Marchand
Burseraceae	*Protium*	*serratum*	Engl.
Burseraceae	*Protium*	(2 spp.)	–
Burseraceae	*Tetragastris*	*altissima*	(Aubl.) Swart
Burseraceae	*Tetragastris*	*panamensis*	(Engl.) Kuntze
Burseraceae	*Trattinnickia*	(1 sp.)	–
Cactaceae	*Rhipsalis*	(1 sp.)	–
Caesalpiniaceae	*Apuleia*	*leiocarpa*	(Vogel) J.F. Macbr.
Caesalpiniaceae	*Bauhinia*	*guianensis*	Aubl.
Caesalpiniaceae	*Bauhinia*	(4 spp.)	–
Caesalpiniaceae	*Hymenaea*	*courbaril*	L.
Caesalpiniaceae	*Schizolobium*	*parahyba*	(Vell.) S.F. Blake
Caesalpiniaceae	*Senna*	*multijuga*	(Rich.) H.S. Irwin & Barneby
Caesalpiniaceae	*Senna*	*silvestris*	(Vell.) H.S. Irwin & Barneby
Caesalpiniaceae	*Senna*	(2 spp.)	–
Caesalpiniaceae	*Tachigali*	*vasquezii*	Pipoly
Caesalpiniaceae	*Tachigali*	(5 spp.)	–
Caricaceae	*Carica*	*microcarpa*	Jacq.
Caricaceae	*Jacaratia*	*digitata*	(Poepp. & Endl.) Solms
Caryocaraceae	*Caryocar*	*brasiliense*	Cambess.
Cecropiaceae	*Cecropia*	*engleriana* cf.	Snethl.
Cecropiaceae	*Cecropia*	*ficifolia* cf.	Warb. ex Snethl.
Cecropiaceae	*Cecropia*	*polystachya*	Trécul
Cecropiaceae	*Cecropia*	*sciadophylla*	Mart.
Cecropiaceae	*Pourouma*	*cecropiifolia*	Mart.
Cecropiaceae	*Pourouma*	*minor*	Benoist
Cecropiaceae	*Pourouma*	(2 spp.)	–
Celastraceae	*Maytenus*	(1 sp.)	–
Chrysobalanaceae	*Hirtella*	*racemosa*	Lam.
Chrysobalanaceae	*Hirtella*	(5 spp.)	–
Chrysobalanaceae	*Licania*	(2 spp.)	–
Clusiaceae	*Garcinia*	*madruno*	(Kunth) Hammel

PLANTAS/PLANTS

Familia/Family	Género/Genus	Especie/Species	Autor/Author
Clusiaceae	*Symphonia*	*globulifera*	L. f.
Clusiaceae	*Vismia*	*glabra*	Ruiz & Pav.
Clusiaceae	*Vismia*	*macrophylla*	Kunth
Clusiaceae	*Vismia*	(1 sp.)	–
Cochlospermaceae	*Cochlospermum*	*orinocense*	(Kunth) Steud.
Cochlospermaceae	*Cochlospermum*	*vitifolium*	(Willd.) Spreng.
Combretaceae	*Buchenavia*	(1 sp.)	–
Combretaceae	*Combretum*	(1 sp.)	–
Combretaceae	*Terminalia*	(1 sp.)	–
Connaraceae	*Connarus*	(1 sp.)	–
Convolvulaceae	*Ipomoea*	(2 spp.)	–
Costaceae	*Costus*	*scaber*	Ruiz & Pav.
Costaceae	*Costus*	(2 spp.)	–
Cucurbitaceae	*Gurania*	*latifolia*	Rusby
Cucurbitaceae	*Gurania*	(1 sp.)	–
Cucurbitaceae	*Sicydium*	(1 sp.)	–
Cucurbitaceae	(1 sp.)	–	–
Cyclanthaceae	*Thoracocarpus*	*bissectus*	(Vell.) Harling
Cyperaceae	*Cyperus*	(1 sp.)	–
Cyperaceae	*Diplasia*	*karatifolia*	Rich.
Cyperaceae	*Scleria*	(2 spp.)	–
Dichapetalaceae	*Tapura*	*amazonica*	Poepp.
Dichapetalaceae	*Tapura*	(1 sp.)	–
Dioscoreaceae	*Dioscorea*	(1 sp.)	–
Dilleniaceae	*Davilla*	(1 sp.)	–
Elaeocarpaceae	*Sloanea*	(2 spp.)	–
Erythroxylaceae	*Erythroxylum*	(1 sp.)	–
Euphorbiaceae	*Alchornea*	*triplinervia*	(Spreng.) Müll. Arg.
Euphorbiaceae	*Alchornea*	(1 sp.)	–
Euphorbiaceae	*Aparisthmium*	(1 sp.)	–
Euphorbiaceae	*Chaetocarpus*	*echinocarpus*	(Baill.) Ducke
Euphorbiaceae	*Croton*	*matourensis*	Aubl.
Euphorbiaceae	*Croton*	(1 sp.)	–
Euphorbiaceae	*Dalechampia*	(1 sp.)	–
Euphorbiaceae	*Hevea*	*brasiliensis*	(Willd. ex A. Juss.) Müll. Arg.
Euphorbiaceae	*Hevea*	*guianensis*	Aubl.
Euphorbiaceae	*Mabea*	*angustifolia*	Spruce ex Benth.
Euphorbiaceae	*Mabea*	*fistulifera*	Mart.
Euphorbiaceae	*Manihot*	(1 sp.)	–

| PLANTAS/PLANTS | | | |
Familia/Family	Género/Genus	Especie/Species	Autor/Author
Euphorbiaceae	*Maprounea*	*guianensis*	Aubl.
Euphorbiaceae	*Margaritaria*	*nobilis*	L. f.
Euphorbiaceae	*Omphalea*	*diandra*	L.
Euphorbiaceae	*Plukenetia*	*brachybotrya*	Müll. Arg.
Euphorbiaceae	*Ricinus*	*communis*	L.
Euphorbiaceae	*Sapium*	*marmieri*	Huber
Euphorbiaceae	*Sapium*	(1 sp.)	–
Euphorbiaceae	(4 spp.)	–	–
Fabaceae	*Acosmium*	(1 sp.)	–
Fabaceae	*Amburana*	*cearensis*	(Allemão) A.C. Sm.
Fabaceae	*Andira*	*inermis*	(W. Wright) Kunth ex DC.
Fabaceae	*Canavalia*	(1 sp.)	–
Fabaceae	*Cratylia* cf.	(1 sp.)	–
Fabaceae	*Dalbergia*	*gracilis*	Benth.
Fabaceae	*Desmanthus*	(1 sp.)	–
Fabaceae	*Desmodium*	(2 spp.)	–
Fabaceae	*Dipteryx*	*micrantha*	Harms
Fabaceae	*Erythrina*	*poeppigiana* cf.	(Walp.) O.F. Cook
Fabaceae	*Lonchocarpus*	(1 sp.)	–
Fabaceae	*Machaerium*	*kegelii*	Meisn.
Fabaceae	*Machaerium*	*macrophyllum* cf.	Benth.
Fabaceae	*Machaerium*	(1 sp.)	–
Fabaceae	*Ormosia*	(1 sp.)	–
Fabaceae	*Swartzia*	(2 spp.)	–
Fabaceae	*Vataireopsis* cf.	(1 sp.)	–
Fabaceae	*Vigna* cf.	(1 sp.)	–
Fabaceae	(4 spp.)	–	–
Flacourtiaceae	*Casearia*	*javitensis*	Kunth
Flacourtiaceae	*Casearia*	(1 sp.)	–
Flacourtiaceae	*Lindackeria*	*paludosa*	(Benth.) Gilg
Flacourtiaceae	*Ryania*	*speciosa*	Vahl
Flacourtiaceae	*Ryania*	(1 sp.)	–
Flacourtiaceae	*Xylosma*	(1 sp.)	–
Flacourtiaceae	(4 spp.)	–	–
Gentianaceae	*Irlbachia*	*alata*	(Aubl.) Maas
Heliconiaceae	*Heliconia*	*densiflora*	B. Verl.
Heliconiaceae	*Heliconia*	*psittacorum*	L. f.
Hernandiaceae	*Sparattanthelium*	(1 sp.)	–
Hippocrateaceae	*Chelioclinium*	(1 sp.)	–

PLANTAS/PLANTS

Familia/Family	Género/Genus	Especie/Species	Autor/Author
Hippocrateaceae	*Prionostemma*	*aspera*	(Lam.) Miers
Humiriaceae	*Humiria*	*balsamifera*	Aubl.
Humiriaceae	*Sacoglottis*	(1 sp.)	–
Iridaceae	*Sisyrinchium* cf.	(1 sp.)	–
Lamiaceae	*Hyptis*	(1 sp.)	–
Lauraceae	*Ocotea*	*guianensis*	Aubl.
Lauraceae	*Ocotea*	(1 sp.)	–
Lecythidaceae	*Bertholletia*	*excelsa*	Bonpl.
Lecythidaceae	*Couratari*	*guianensis*	Aubl.
Lecythidaceae	*Couratari*	*macrosperma*	A.C. Sm.
Lecythidaceae	*Eschweilera*	(1 sp.)	–
Lecythidaceae	*Gustavia*	(1 sp.)	–
Limnocharitaceae	*Hydrocleys*	(1 sp.)	–
Lythraceae	*Physocalymma*	*scaberrimum*	Pohl
Malpighiaceae	*Banisteriopsis*	(1 sp.)	–
Malpighiaceae	*Byrsonima*	*spicata*	(Cav.) DC.
Malpighiaceae	*Hiraea*	*grandifolia*	Standl. & L.O. Williams
Malpighiaceae	*Hiraea*	*reclinata*	Jacq.
Malpighiaceae	(6 spp.)	–	–
Malvaceae	*Sida*	(2 spp.)	–
Malvaceae	*Wissadula*	sp.	–
Malvaceae	(2 spp.)	–	–
Marantaceae	*Calathea*	(1 sp.)	–
Marantaceae	*Ischnosiphon*	(1 sp.)	–
Marcgraviaceae	*Marcgravia*	(1 sp.)	–
Melastomataceae	*Bellucia*	*acutata*	Pilg.
Melastomataceae	*Bellucia*	*pentamera*	Naudin
Melastomataceae	*Bellucia*	(1 sp.)	–
Melastomataceae	*Clidemia*	(1 sp.)	–
Melastomataceae	*Graffenrieda*	*limbata*	Triana
Melastomataceae	*Macairea*	(1 sp.)	–
Melastomataceae	*Macairea*	*thyrsiflora*	DC.
Melastomataceae	*Miconia*	*albicans*	(Sw.) Triana
Melastomataceae	*Miconia*	*bubalina*	(D. Don) Naudin
Melastomataceae	*Miconia*	*nervosa*	(Sm.) Triana
Melastomataceae	*Miconia*	(4 spp.)	–
Melastomataceae	*Miconia*	*tomentosa*	(Rich.) D. Don ex DC.
Melastomataceae	*Miconia*	*trinervia*	(Sw.) D. Don ex Loudon
Melastomataceae	*Mouriri*	*myrtilloides*	(Sw.) Poir.

PLANTAS/PLANTS			
Familia/Family	Género/Genus	Especie/Species	Autor/Author
Melastomataceae	*Mouriri*	(3 spp.)	–
Melastomataceae	*Tococa*	*guianensis* cf.	Aubl.
Meliaceae	*Cabralea*	*canjerana*	(Vell.) Mart.
Meliaceae	*Cedrela*	*odorata*	L.
Meliaceae	*Guarea*	(2 spp.)	–
Menispermaceae	*Abuta*	*grandifolia*	(Mart.) Sandwith
Menispermaceae	(2 spp.)	–	–
Mimosaceae	*Acacia*	(1 sp.)	–
Mimosaceae	*Enterolobium*	*schomburgkii*	(Benth.) Benth.
Mimosaceae	*Inga*	*capitata*	Desv.
Mimosaceae	*Inga*	*heterophylla*	Willd.
Mimosaceae	*Inga*	*oerstediana*	Benth.
Mimosaceae	*Inga*	(5 spp.)	–
Mimosaceae	*Inga*	*thibaudiana*	DC.
Mimosaceae	*Mimosa*	(1 sp.)	–
Mimosaceae	*Parkia*	*pendula*	(Willd.) Benth. ex Walp.
Mimosaceae	*Piptadenia*	(1 sp.)	–
Mimosaceae	*Stryphnodendron*	(1 sp.)	–
Mimosaceae	(2 spp.)	–	–
Monimiaceae	*Siparuna*	*decipiens*	(Tul.) A. DC.
Monimiaceae	*Siparuna*	*guianensis*	Aubl.
Moraceae	*Brosimum*	*alicastrum*	Sw.
Moraceae	*Brosimum*	*guianense*	(Aubl.) Huber
Moraceae	*Brosimum*	*lactescens*	(S. Moore) C.C. Berg
Moraceae	*Castilla*	*ulei*	Warb.
Moraceae	*Clarisia*	*biflora*	Ruiz & Pav.
Moraceae	*Clarisia*	*racemosa*	Ruiz & Pav.
Moraceae	*Ficus*	*americana*	Aubl.
Moraceae	*Ficus*	*juruensis*	Warburg ex Dugand
Moraceae	*Ficus*	*maxima*	Mill.
Moraceae	*Ficus*	*nymphaeifolia*	Mill.
Moraceae	*Ficus*	*piresiana*	Vázq. Avila & C.C. Berg
Moraceae	*Ficus*	*schultesii*	Dugand
Moraceae	*Ficus*	*ypsilophlebia*	Dugand
Moraceae	*Ficus*	(1 sp.)	–
Moraceae	*Maclura*	*tinctoria*	(L.) D. Don ex Steud.
Moraceae	*Maquira*	*calophylla*	(Poepp. & Endl.) C.C. Berg
Moraceae	*Naucleopsis*	(1 sp.)	–

PLANTAS/PLANTS			
Familia/Family	**Género/Genus**	**Especie/Species**	**Autor/Author**
Moraceae	*Perebea*	(1 sp.)	–
Moraceae	*Pseudolmedia*	*laevigata*	Trécul
Moraceae	*Pseudolmedia*	*laevis*	(Ruiz & Pav.) J.F. Macbr.
Moraceae	*Pseudolmedia*	*macrophylla*	Trécul
Moraceae	*Sorocea*	*guilleminiana*	Gaudich.
Moraceae	*Sorocea*	*muriculata*	Miq.
Moraceae	(3 spp.)	–	–
Myristicaceae	*Iryanthera*	*juruensis*	Warb.
Myristicaceae	*Virola*	(1 sp.)	–
Myrsinaceae	*Stylogyne*	(1 sp.)	–
Myrtaceae	*Calyptranthes*	(1 sp.)	–
Myrtaceae	*Myrcia*	(1 sp.)	–
Myrtaceae	(2 spp.)	–	–
Nyctaginaceae	*Neea*	(1 sp.)	–
Ochnaceae	*Ouratea*	(2 spp.)	–
Ochnaceae	*Sauvagesia*	(1 sp.)	–
Olacaceae	*Dulacia*	*candida*	(Poepp.) Kuntze
Olacaceae	*Minquartia*	*guianensis*	Aubl.
Opiliaceae	*Agonandra*	(1 sp.)	–
Orchidaceae	*Ornithocephalus*	(1 sp.)	–
Orchidaceae	(1 sp.)	–	–
Passifloraceae	*Passiflora*	*coccinea*	Aubl.
Passifloraceae	*Passiflora*	(2 spp.)	–
Picramniaceae	*Picramnia*	(1 sp.)	–
Piperaceae	*Peperomia*	(1 sp.)	–
Piperaceae	*Piper*	*arboreum*	Aubl.
Piperaceae	*Piper*	*obliquum*	Ruiz & Pav.
Piperaceae	*Piper*	*peltatum*	L.
Piperaceae	*Piper*	(3 spp.)	–
Poaceae	*Eragrostis* cf.	(1 sp.)	–
Poaceae	*Lasiacis*	(1 sp.)	–
Poaceae	*Olyra*	(2 spp.)	–
Poaceae	*Orthoclada*	*laxa*	(Rich.) P. Beauv.
Poaceae	*Stipa* cf.	(1 sp.)	–
Poaceae	*Streptogyne*	(1 sp.)	–
Poaceae	(7 spp.)	–	–
Polygalaceae	*Bredemeyera*	(1 sp.)	–
Polygonaceae	*Coccoloba*	*mollis*	Casar.
Polygonaceae	*Coccoloba*	(1 sp.)	–

PLANTAS/PLANTS			
Familia/Family	**Género/Genus**	**Especie/Species**	**Autor/Author**
Proteaceae	*Roupala*	*montana*	
Quiinaceae	*Laplacea*	(1 sp.)	–
Quiinaceae	*Quiina*	(1 sp.)	–
Rhamnaceae	*Colubrina*	*glandulosa*	Perkins
Rhamnaceae	*Gouania*	(1 sp.)	–
Rubiaceae	*Alibertia*	*edulis*	(Rich.) A. Rich. ex DC.
Rubiaceae	*Alibertia*	(1 sp.)	–
Rubiaceae	*Alseis*	(1 sp.)	–
Rubiaceae	*Amaioua*	*corymbosa*	Kunth
Rubiaceae	*Bertiera*	*guianensis*	Aubl.
Rubiaceae	*Borreria*	(2 spp.)	–
Rubiaceae	*Calycophyllum*	*megistocaulum*	(K. Krause) C.M. Taylor
Rubiaceae	*Capirona*	*decorticans*	Spruce
Rubiaceae	*Chomelia*	*sericea*	Müll. Arg.
Rubiaceae	*Chomelia*	(1 sp.)	–
Rubiaceae	*Faramea*	(2 spp.)	–
Rubiaceae	*Ferdinandusa*	(1 sp.)	–
Rubiaceae	*Genipa*	*americana*	L.
Rubiaceae	*Geophila*	(1 sp.)	–
Rubiaceae	*Ixora*	(1 sp.)	–
Rubiaceae	*Pagamea*	(1 sp.)	–
Rubiaceae	*Palicourea*	*guianensis*	Aubl.
Rubiaceae	*Palicourea*	*punicea*	(Ruiz & Pav.) DC.
Rubiaceae	*Pentagonia*	(1 sp.)	–
Rubiaceae	*Psychotria*	*poeppigiana*	Müll. Arg.
Rubiaceae	*Psychotria*	*prunifolia*	(Kunth) Steyerm.
Rubiaceae	*Psychotria*	*racemosa*	Rich.
Rubiaceae	*Psychotria*	(3 spp.)	–
Rubiaceae	*Sabicea*	*villosa*	Willd. ex Roem. & Schult.
Rubiaceae	*Sipanea*	(1 sp.)	–
Rubiaceae	*Uncaria*	*guianensis*	(Aubl.) J.F. Gmel.
Rubiaceae	*Warszewiczia*	*coccinea*	(Vahl) Klotzsch
Rubiaceae	(5 spp.)	–	–
Rutaceae	*Dictyoloma*	*peruvianum*	Planch.
Rutaceae	*Esenbeckia*	(1 sp.)	–
Rutaceae	*Galipea*	*jasminiflora* cf.	(A. St.-Hil.) Engl.
Rutaceae	*Galipea*	(1 sp.)	–
Rutaceae	*Metrodorea*	*flavida*	K. Krause
Rutaceae	*Zanthoxylum*	*ekmanii*	(Urb.) Alain

PLANTAS/PLANTS			
Familia/Family	**Género/Genus**	**Especie/Species**	**Autor/Author**
Rutaceae	*Zanthoxylum*	(1 sp.)	–
Rutaceae	(1 sp.)	–	–
Sapindaceae	*Allophylus*	(1 sp.)	–
Sapindaceae	*Cupania*	(1 sp.)	–
Sapindaceae	*Matayba*	(1 sp.)	–
Sapindaceae	*Paullinia*	*bracteosa*	Radlk.
Sapindaceae	*Paullinia*	(1 sp.)	–
Sapindaceae	*Serjania*	(3 spp.)	–
Sapindaceae	(1 sp.)	–	–
Sapotaceae	*Pouteria*	sp.	–
Sapotaceae	(1 sp.)	–	–
Simaroubaceae	*Simarouba*	*amara*	Aubl.
Simaroubaceae	*Simarouba*	(1 sp.)	–
Smilacaceae	*Smilax*	(2 spp.)	–
Solanaceae	*Cestrum*	(1 sp.)	–
Solanaceae	*Cyphomandra*	(1 sp.)	–
Solanaceae	*Lycianthes*	*asarifolia*	(Kunth & Bouché) Bitter
Solanaceae	*Lycianthes*	(1 sp.)	–
Solanaceae	*Solanum*	(3 spp.)	–
Staphyleaceae	*Turpinia*	*occidentalis*	(Sw.) G. Don
Sterculiaceae	*Byttneria*	(1 sp.)	–
Sterculiaceae	*Sterculia*	*apetala*	
Sterculiaceae	*Sterculia*	(1 sp.)	–
Sterculiaceae	*Theobroma*	*bicolor*	Bonpl.
Strelitziaceae	*Phenakospermum*	*guyannense*	(Rich.) Endl.
Theophrastaceae	*Clavija*	(1 sp.)	–
Tiliaceae	*Apeiba*	*membranacea*	Spruce ex Benth.
Tiliaceae	*Apeiba*	*tibourbou*	Aubl.
Tiliaceae	*Heliocarpus*	*americanus*	L.
Tiliaceae	*Luehea*	(2 spp.)	–
Tiliaceae	*Mollia*	*lepidota* cf.	Spruce ex Benth.
Tiliaceae	*Triumfetta*	(1 sp.)	–
Trigoniaceae	*Trigonia*	(1 sp.)	–
Ulmaceae	*Ampelocera*	*edentula*	Kuhlm.
Ulmaceae	*Celtis*	*iguanaea*	(Jacq.) Sarg.
Ulmaceae	*Celtis*	*schippii*	Standl.
Ulmaceae	*Celtis*	(1 sp.)	–
Ulmaceae	*Trema*	*micrantha*	(L.) Blume
Verbenaceae	*Aegiphila*	*cordata*	Poepp. ex Schauer

PLANTAS/PLANTS			
Familia/Family	**Género/Genus**	**Especie/Species**	**Autor/Author**
Verbenaceae	*Aegiphila*	(1 sp.)	–
Verbenaceae	*Priva*	*lappulacea*	(L.) Pers.
Verbenaceae	*Vitex*	(1 sp.)	–
Verbenaceae	*Vitex*	*triflora*	Vahl
Verbenaceae	(1 sp.)	–	–
Violaceae	*Leonia*	*crassa*	L.B. Sm. & A. Fernández
Violaceae	*Leonia*	*glycycarpa*	Ruiz & Pav.
Violaceae	*Rinorea*	(1 sp.)	–
Violaceae	*Rinoreocarpus*	*ulei*	(Melch.) Ducke
Vitaceae	*Cissus*	(1 sp.)	–
Vochysiaceae	*Qualea*	*albiflora*	Warm.
Vochysiaceae	*Qualea*	*grandiflora*	Mart.
Vochysiaceae	*Qualea*	*wittrockii*	Malme
Vochysiaceae	*Vochysia*	(2 spp.)	–
PTERIDOPHYTA (Helechos/Ferns and Allies)			
Adiantiaceae	*Adiantum*	(3 spp.)	–
Aspleniaceae	*Asplenium*	*serratum*	L.
Dennstaedtiaceae	*Pteridium*	*aquilinum*	(L.) Kuhn
Dryopteridaceae	*Lomariopsis*	*japurensis*	(Mart.) J. Sm.
Hymenophyllaceae	*Trichomanes*	*pinnatum*	Hedw.
Marattiaceae	*Danaea*	(1 sp.)	–
Schizaeaceae	*Lygodium*	(1 sp.)	–
Schizaeaceae	*Schizaea*	(2 spp.)	–
(Pteridophyta)	(1 sp.)	–	–

Especies de anfibios y reptiles registradas en el Área de Inmovilización Madre de Dios y los alrededores en el Departamento de Pando, Bolivia, del 7 al 12 de julio 2002 por John E. Cadle y Marcelo Guerrero.

ANFIBIOS Y REPTILES/AMPHIBIANS AND REPTILES			
Especie/Species	**Hábitat, sitio, y tipo de documentación/ Habitat, site, and documentation**		
	Bosque alto/ (C) Tall forest	Bosque/ (B) Forest	Pampas/ (P) Pampas habitat
SQUAMATA			
Boidae			
Corallus caninus	X	–	–
Corallus hortulanus	X	–	–
Eunectes murinus	SR	–	–
Colubridae			
Chironius scurrulus	SR	–	–
Dipsas catesbyi	X	–	–
Drymoluber dichrous	X	–	–
Pseudoboa coronata	X	–	–
Xenodon severus	X	–	–
Iguanidae			
Anolis punctatus	X	–	–
Anolis fuscoauratus	X	–	–
Teiidae-Gymnophthalmidae			
Ameiva ameiva	SR	–	–
Kentropyx sp.	X	–	–
Tupinambis teguixin	SR	–	–
Alopoglossus sp.?	X	–	–
Bachia sp.	X	–	–
Pantodactylus schreibersii	–	–	X
Gekkonidae			
Gonatodes humeralis	X	–	–
Scincidae			
Mabuya sp.	SR	–	–
CROCODYLIA			
Alligatoridae			
Paleosuchus palpebrosus	SR	–	–
ANURA			
Dendrobatidae			
Colostethus sp.	X	–	–
Epipedobates femoralis	–	X	–
Bufonidae			
Bufo sp. (grupo *margaritifer*)	C	–	–
Leptodactylidae			
Adenomera sp.	X	–	–
Eleutherodactylus fenestratus	X	–	–
Leptodactylus fuscus	X	–	–

LEYENDA/LEGEND

**Localidad/
Location**

(C) = Cotoca

(B) = Blanca Flor

(P) = Pampas Abiertas Naranjal Este

**Documentación/
Documentation**

X = Muestra colectada/
Voucher collected

SR = Encuentro visual/
Sight record

C = Se escucharon sus cantos/
Calls heard

Amphibians and reptiles observed in and around the Área de Inmovilización Madre de Dios, Pando, Bolivia, from 7 to 12 July 2002 by John E. Cadle and Marcelo Guerrero.

ANFIBIOS Y REPTILES/AMPHIBIANS AND REPTILES			
Especie/Species	**Hábitat, sitio, y tipo de documentación/ Habitat, site, and documentation**		
	Bosque alto/ (C) Tall forest	Bosque/ (B) Forest	Pampas/ (P) Pampas habitat
Leptodactylus pentadactylus	X	–	–
Leptodactylus petersi	X	–	–
Hylidae			
Hyla boans	X	–	–
Hyla calcarata	X	–	–
Hyla granosa	C	–	–
Hyla lanciformis	X	–	–
Hyla leucophyllata	X	–	–
Hyla punctata	X	–	–
Osteocephalus sp.	X	–	–
Osteocephalus taurinus	X	–	–
Phyllomedusa tomopterna	X	–	–
Scinax garbei	X	–	–
Scinax ruber	X	–	–

Especies de aves registradas en el Área de Inmovilización Madre de Dios y los alrededores en el Departamento de Pando, Bolivia, del 7 al 12 de julio 2002 por Brian O'Shea y Johnny Condori.

AVES/BIRDS		
Especie/Species	**Hábitats/Habitats**	**Documentación/ Documentation**
Tinamidae		
Tinamus tao	F	T
Crypturellus soui	F, P	T
Crypturellus cinereus	F	T
Threskiornithidae		
Mesembrinibis cayennensis	F	v/a
Cathartidae		
Coragyps atratus	F, P	v/a
Cathartes aura	F, P	v/a
Cathartes burrovianus	F, P	v/a
Cathartes melambrotus	F	v/a
Sarcoramphus papa	F, P	v/a
Accipitridae		
Elanoides forficatus	F	v/a
Gampsonyx swainsonii	P	v/a
Asturina nitida	F, P	v/a
Buteo brachyurus	P	v/a
(Morphnus guianensis)	F	v/a
Spizaetus ornatus	F, P	v/a
Falconidae		
Daptrius ater	F	v/a
Daptrius americanus	F	v/a
Herpetotheres cachinnans	P	v/a
Micrastur ruficollis	F	T
Micrastur semitorquatus	F	v/a
Falco femoralis	P	v/a
Cracidae		
Ortalis guttata	P	v/a
Penelope jacquacu	F	T
Phasianidae		
Odontophorus stellatus	F	v/a
Rallidae		
Micropygia schomburgkii	P	v/a
Columbidae		
Columba speciosa	F, P	T
Columba cayennensis	P	v/a
Columba plumbea	F	T
Columbina talpacoti	P	v/a
Columbina picui	P	v/a
Claravis pretiosa	F	v/a

LEYENDA/LEGEND

Hábitats/ Habitats

F = Bosque alto/ Tall forest

P = Pampas/ Pampas habitats

Documentación/ Documentation

T = Documentado por grabación/ Documented by tape recording

v/a = Encuentro visual o auditivo/ Visual or auditory record

Birds observed in and around the Área de Inmovilización Madre de Dios, Pando, Bolivia, from 7 to 12 July 2002 by Brian O'Shea and Johnny Condori.

AVES/BIRDS		
Especie/Species	**Hábitats/Habitats**	**Documentación/ Documentation**
Leptotila rufaxilla	F	T
Geotrygon violacea	F	v/a
Psittacidae		
Ara macao	F	v/a
Ara severa	F	v/a
Aratinga leucophthalmus	F, P	T
Aratinga weddellii	F, P	v/a
Pyrrhura sp.	F	v/a
Brotogeris chrysopterus	F, P	T
Pionites leucogaster	F	v/a
Pionus menstruus	F, P	T
Amazona ochrocephala	F	v/a
Amazona farinosa	F	T
Cuculidae		
Piaya cayana	F, P	v/a
Dromococcyx phasianellus	F	T
Crotophaga ani	P	v/a
Tapera naevia	P	v/a
Strigidae		
Otus watsonii	F	v/a
Lophostrix cristata	F	T
Pulsatrix perspicillata	F	T
Glaucidium hardyi	F	T
Ciccaba huhula	F	T
Nyctibiidae		
Nyctibius grandis	F	v/a
Nyctidromus albicollis	F	T
Nyctiphrynus ocellatus	F	T
Caprimulgidae		
Caprimulgus sericocaudatus	F	v/a
Apodidae		
Chaetura cinereiventris	F	v/a
Chaetura brachyura	F	v/a
Chaetura egregia	F	v/a
Trochilidae		
Phaethornis phillippii	F	v/a
Phaethornis stuarti	F	v/a
Thalurania furcata	F	v/a
Hylocharis cyanus	F	v/a

AVES/BIRDS		
Especie/Species	Hábitats/Habitats	Documentación/ Documentation
Trogonidae		
Pharomachrus pavoninus	F	v/a
Trogon melanurus	F	v/a
Trogon viridis	F, P	T
Trogon collaris	P	T
Trogon violaceus	F.	T
Momotidae		
Electron platyrhynchum	F	v/a
Baryphthengus martii	F	v/a
Momotus momota	F	T
Bucconidae		
Notharchus tectus	P	v/a
Nystalus striolatus	F	v/a
Monasa morphoeus	F	v/a
Galbulidae		
Galbula dea	F	v/a
Jacamerops aurea	F	T
Capitonidae		
Capito auratus	F	T
Ramphastidae		
Pteroglossus inscriptus	F	v/a
Pteroglossus castanotis	F	T
Pteroglossus beauharnaesii	F	v/a
Pteroglossus azara	F	v/a
Ramphastos vitellinus	F, P	v/a
Ramphastos tucanus	F, P	T
Picidae		
Picumnus aurifrons	F	v/a
Melanerpes cruentatus	P	T
Veniliornis affinis	F, P	v/a
Piculus sp.	F	v/a
Celeus grammicus	F	v/a
Celeus torquatus	F	T
Dryocopus lineatus	F, P	v/a
Campephilus melanoleucos	F, P	v/a
Campephilus rubricollis	F	T
Dendrocolaptidae		
Dendrocincla fuliginosa	F	T
Deconychura longicauda	F	v/a
Sittasomus griseicapillus	F, P	v/a

LEYENDA/LEGEND

Hábitats/ Habitats

F = Bosque alto/ Tall forest

P = Pampas/ Pampas habitats

Documentación/ Documentation

T = Documentado por grabación/ Documented by tape recording

v/a = Encuentro visual o auditivo/ Visual or auditory record

AVES/BIRDS		
Especie/Species	**Hábitats/Habitats**	**Documentación/Documentation**
Glyphorhynchus spirurus	F	T
Dendrexetastes rufigula	F	T
Dendrocolaptes certhia	F	T
Xiphorhynchus spixii	F	T
Xiphorhynchus guttatus	F	T
Lepidocolaptes albolineatus	F	T
Furnariidae		
Synallaxis rutilans	F	T
Cranioleuca gutturata	F	v/a
Ancistrops strigilatus	F	T
Philydor erythrocercus	F	T
Philydor rufus	F	v/a
Philydor erythropterus	F	v/a
Automolus infuscatus	F	T
Automolus ochrolaemus	F	T
Xenops milleri	F	v/a
Xenops minutus	F	T
Sclerurus caudacutus	F	v/a
Sclerurus mexicanus	F	v/a
Thamnophilidae		
Cymbilaimus lineatus	F	v/a
Thamnophilus doliatus	P	v/a
Thamnophilus aethiops	F	T
Thamnophilus schistaceus	F	T
Thamnomanes ardesiacus	F	T
Myrmotherula brachyura	F	v/a
Myrmotherula sclateri	F	T
Myrmotherula surinamensis	F	v/a
Myrmotherula leucophthalma	F	v/a
Myrmotherula axillaris	F, P	v/a
Myrmotherula longipennis	F	v/a
Myrmotherula menetriesii	F	v/a
Formicivora grisea	P	T
Terenura humeralis	F	v/a
Cercomacra cinerascens	F	T
Myrmoborus myotherinus	F	T
Hypocnemis cantator	F	T
Schistocichla leucostigma	F	v/a
Myrmeciza hemimelaena	F	T
Myrmeciza atrothorax	F, P	v/a

AVES/BIRDS		
Especie/Species	**Hábitats/Habitats**	**Documentación/ Documentation**
Gymnopithys salvini	F	v/a
Hylophylax poecilinota	F	T
Formicariidae		
Formicarius colma	F	v/a
Hylopezus berlepschi	F	T
Tyrannidae		
Zimmerius gracilipes	F	T
Ornithion inerme	F, P	T
Camptostoma obsoletum	P	v/a
Tyrannulus elatus	F	v/a
Myiopagis gaimardii	F, P	v/a
Myiopagis caniceps	F	v/a
Myiopagis viridicata	F	v/a
Inezia inornata	F	v/a
Elaenia (spectabilis)	P	v/a
Elaenia (parvirostris)	P	v/a
Elaenia cristata	P	T
Mionectes oleagineus	F	v/a
Mionectes macconnellii	F	v/a
Leptopogon amaurocephalus	F	T
Corythopis torquata	F	v/a
Myiornis ecaudatus	F, P	v/a
Hemitriccus flammulatus	F	v/a
Hemitriccus zosterops	F	T
Hemitriccus striaticollis	P	T
Todirostrum chrysoscrotaphum	F	T
Cnipodectes subbrunneus	F	v/a
Ramphotrigon ruficauda	F	v/a
Rhynchocyclus olivaceus	F	v/a
Tolmomyias assimilis	F	T
Tolmomyias poliocephalus	F	v/a
Platyrhynchus platyrhynchos	F	T
Onychorhynchus coronatus	F	v/a
Terenotriccus erythrurus	F	v/a
Lathrotriccus euleri	F	T
Cnemotriccus fuscatus	F, P	T
Pyrocephalus rubinus	P	v/a
Attila spadiceus	F	T
Casiornis rufa	F	v/a
Rhytipterna simplex	F	T

LEYENDA/LEGEND

Hábitats/ Habitats

F = Bosque alto/ Tall forest

P = Pampas/ Pampas habitats

Documentación/ Documentation

T = Documentado por grabación/ Documented by tape recording

v/a = Encuentro visual o auditivo/ Visual or auditory record

AVES/BIRDS		
Especie/Species	**Hábitats/Habitats**	**Documentación/ Documentation**
Myiarchus tuberculifer	F	v/a
Myiarchus swainsonii	F, P	v/a
Myiarchus tyrannulus	F, P	v/a
Pitangus sulphuratus	P	v/a
Megarynchus pitangua	F, P	T
Myiozetetes cayanensis	P	T
Myiozetetes luteiventris	F	T
Empidonomus aurantioatrocristatus	F	v/a
Myiodynastes maculatus	F	v/a
Tyrannus albogularis	P	v/a
Pachyramphus polychopterus	F	v/a
Pachyramphus marginatus	F	v/a
Pachyramphus validus	F	v/a
Tityra cayana	F, P	v/a
Tityra semifasciata	F	v/a
Tityra inquisitor	F	v/a
Cotingidae		
Iodopleura isabellae	F	v/a
Laniocera hypopyrra	F	v/a
Lipaugus vociferans	F	T
Cotinga cayana	F	v/a
Gymnoderus foetidus	F	v/a
Pipridae		
Schiffornis turdinus	F	v/a
Piprites chloris	F	T
Xenopipo atronitens	P	T
Machaeropterus pyrocephalus	F	v/a
Pipra rubrocapilla	F, P	v/a
Hirundinidae		
Progne chalybea	P	v/a
Troglodytidae		
Campylorhynchus turdinus	F	v/a
Thryothorus genibarbis	F, P	T
Thryothorus leucotis	F	v/a
Troglodytes aedon	P	T
Microcerculus marginatus	F	T
Turdidae		
Turdus amaurochalinus	F, P	T
Corvidae		
Cyanocorax cyanomelas	P	v/a

| AVES/BIRDS | | |
Especie/Species	Hábitats/Habitats	Documentación/ Documentation
Vireonidae		
Vireolanius leucotis	F	v/a
Vireo olivaceus	F	v/a
Hylophilus hypoxanthus	F	T
Emberizidae		
Ammodramus humeralis	P	v/a
Volatinia jacarina	P	v/a
Cardinalidae		
Saltator maximus	F, P	v/a
Cyanocompsa cyanoides	F	v/a
Thraupidae		
Schistochlamys melanopis	P	v/a
Hemithraupis flavicollis	F	v/a
Tachyphonus cristatus	F	T
Tachyphonus luctuosus	F	v/a
Ramphocelus carbo	F, P	T
Thraupis episcopus	F, P	v/a
Thraupis palmarum	F, P	v/a
Pipraedea melanonota	F	v/a
Euphonia chlorotica	F	v/a
Euphonia minuta	F	v/a
Euphonia rufiventris	F, P	T
Tangara mexicana	P	v/a
Tangara chilensis	F	T
Tangara schrankii	F	v/a
Tangara gyrola	F	v/a
Tangara nigrocincta	F, P	v/a
Tangara velia	F	v/a
Dacnis lineata	F	v/a
Dacnis cayana	F	v/a
Chlorophanes spiza	F, P	v/a
Cyanerpes caeruleus	F	v/a
Tersina viridis	F	v/a
Parulidae		
Phaeothlypis fulvicauda	F	v/a
Icteridae		
Psarocolius decumanus	F, P	v/a
Psarocolius bifasciatus	F, P	T
Cacicus cela	F	T
Cacicus haemorrhous	F	v/a
Scaphidura oryzivora	P	v/a

LEYENDA/LEGEND

Hábitats/ Habitats

F = Bosque alto/ Tall forest

P = Pampas/ Pampas habitats

Documentación/ Documentation

T = Documentado por grabación/ Documented by tape recording

v/a = Encuentro visual o auditivo/ Visual or auditory record

Mamíferos Grandes/
Large Mammals

Especies de mamíferos grandes esperadas y registradas en el Área de Inmovilización Madre de Dios y los alrededores en el Departamento de Pando, Bolivia, del 7 al 12 de julio 2002 por Sandra Suárez y Gonzalo Calderón.

MAMÍFEROS GRANDES/LARGE MAMMALS

Especie/Species	Nombre común/Common name
ARTIODACTYLA	
Tayasuidae	
001 *Tayassu pecari*	tropero/white-lipped peccary
002 *Tayassu tajacu*	taitetú o sajino/collared peccary
Cervidae	
003 *Mazama americana*	guazo/red brocket deer
004 *Mazama gouazoubira*	urina/gray brocket deer
CARNIVORA	
Canidae	
005 *Atelocynus microtis*	zorro/short-eared dog
006 *Speothos venaticus*	zorro/bush dog
Procyonidae	
007 *Bassaricyon gabbii*	wichi/olingo
008 *Nasua nasua*	tejon/South American coati
009 *Potos flavus*	wichi/kinkajou
010 *Procyon cancrivorus*	mapache/crab-eating racoon
Mustelidae	
011 *Eira barbara*	melero/tayra
012 *Galictis vittata*	hurón/grison
013 *Lontra longicaudis*	lobito de río/neotropical otter
014 *Pteronura brasiliensis*	londra/giant otter
Felidae	
015 *Herpailurus yaguarondi*	gato gris/jaguarundi
016 *Leopardus pardalis*	tigrecillo/ocelot
017 *Leopardus wiedii*	gato/margay
018 *Panthera onca*	tigre/jaguar
019 *Puma concolor*	león/puma
PRIMATES	
Callitrichidae	
020 *Saguinus fuscicollis weddelli*	chichilo o leoncito/saddleback tamarin
021 *Saguinus labiatus*	chichilo o leoncito/red-chested mustached tamarin
Cebidae	

LEYENDA/LEGEND   **Abundancia local estimada/Estimated local abundance**

A	= Abundante/Abundant	R	= Raro/Rare
M	= Más común/More common	e	= Esperado pero no registrado/
C	= Común/Common		Expected but not registered
L	= Poco común/Less common		during the inventory

Large mammals observed in and around the Área de Inmovilización Madre de Dios, Pando, Bolivia, from 7 to 12 July 2002 by Sandra Suárez and Gonzalo Calderón.

Mamíferos Grandes/
Large Mammals

	Número de observaciones por sitio/Number of records by site						Abundancia local/ Local abundance	Estado general/ General status
	Cotoca	Cotoca Road South	Pampa Arbolada	Santa Marta	Pampa de Blanca Flor	Pampas Abiertas		
001	0	0	0	0	0	0	e	CITES II
002	2	4	0	1	1	0	C	CITES II
003	2	0	2	0	0	2	L	C
004	0	0	1	0	0	0	R	U
005	0	0	0	0	0	0	e	C (Pando)
006	0	0	1	0	0	1	R	CITES I
007	0	0	0	0	0	0	e	C
008	0	0	0	0	0	0	e	U
009	2	0	0	0	0	0	?	C
010	0	0	0	0	0	0	e	?
011	0	0	0	0	0	0	e	C
012	0	0	0	0	0	0	e	U
013	1	0	0	0	0	0	R	CITES I, ESA
014	0	0	0	0	0	0	e	CITES I, ESA
015	0	0	0	0	0	0	e	CITES I
016	3	1	1	0	0	0	C	CITES I, ESA
017	2	0	0	0	0	0	L	CITES I, ESA
018	1	0	0	0	0	1	R	CITES I, ESA
019	1	0	0	1	0	0	L/R	CITES I
020	0	0	1	0	0	0	R	CITES II
021	0	0	0	0	0	0	e	CITES II

Estado general/General status (Emmons 1997)

C	= Común/Common	ESA	= U.S. Endangered Species Act–Endangered
U	= No común/Uncommon		
R	= Raro/Rare	IUCNv	= IUCN Red List–Vulnerable
CITES I	= CITES–Appendix I	IUCNe	= IUCN Red List–Endangered
CITES II	= CITES–Appendix II	IUCNc	= IUCN Red List–Critically Endangered

MAMÍFEROS GRANDES/LARGE MAMMALS

Especie/Species	Nombre común/Common name
022 *Alouatta sara*	manechi/Bolivian red howler monkey
023 *Aotus nigriceps* o/or *azarae*	mono nocturno/southern red-necked or Azara's night monkey
024 *Ateles chamek*	marimono/black-faced black spider monkey
025 *Callicebus* sp.	sogui sogui o lucachi/titi monkey
026 *Cebus albifrons*	toranzo o mono bayo/white-fronted capuchin money
027 *Cebus apella*	mono negro o silvador/brown capuchin monkey
028 *Pithecia irrorata*	parabacú/gray monk or bald-faced saki monkey
029 *Saimiri boliviensis*	mono amarillo o chichilo/Bolivian squirrel monkey
MARSUPIALIA	
Didelphidae	
030 *Didelphis marsupialis*	carachupa/common opossum
PERISSODACTYLA	
Tapiridae	
031 *Tapirus terrestris*	anta/Brazilian tapir
RODENTIA	
Agoutidae	
032 *Agouti paca*	jochi pintado o paca/paca
Dasyproctidae	
033 *Dasyprocta variegata*	jochi/brown agouti
Erethizontidae	
034 *Coendou prehensilis*	puercoespin/Brazilian porcupine
Hydrochaeridae	
035 *Hydrochaeris hydrochaeris*	capihuara/capybara
Sciuridae	
036 *Sciurus ignitus*	ardilla/Bolivian squirrel
037 *Sciurus spadiceus*	ardilla/southern Amazon red squirrel
XENARTHRA	
Bradypodidae	
038 *Bradypus variegatus*	perezoso/brown-throated three-toed sloth
Megalonychidae	
039 *Choloepus hoffmanni*	perezoso/Hoffmann's two-toed sloth

LEYENDA/LEGEND **Abundancia local estimada/Estimated local abundance**

A	= Abundante/Abundant	R	= Raro/Rare
M	= Más común/More common	e	= Esperado pero no registrado/
C	= Común/Common		Expected but not registered
L	= Poco común/Less common		during the inventory

	Número de observaciones por sitio/Number of records by site						Abundancia local/ Local abundance	Estado general/ General status
	Cotoca	Cotoca Road South	Pampa Arbolada	Santa Marta	Pampa de Blanca Flor	Pampas Abiertas		
022	0	1	0	0	0	0	R	CITES II, IUCNv
023	1	0	0	0	0	0	R	CITES II, IUCNe
024	0	0	0	0	0	0	e	CITES II
025	0	0	0	0	0	0	e	CITES II
026	0	0	0	1	0	0	R	CITES II
027	0	2	0	0	1	0	L	
028	0	0	0	0	0	0	e	CITES II, IUCNv
029	0	0	0	0	0	0	e	CITES II, IUCNv
030	1	1	1	0	0	0	C	C
031	1	0	0	0	0	0	R	CITES II, ESA
032	3	4	0	2	0	1	C	C[†]
033	2	0	0	1	1	0	L	C
034	0	0	0	1	0	0	?	R o/or C[††]
035	0	0	0	0	0	0	e	C
036	0	0	0	0	0	0	e	C[†††]
037	3	1	0	0	0	0	C	C
038	0	0	0	0	0	0	e	CITES II
039	0	0	0	0	0	0	e	?

Estado general/General status (Emmons 1997)

C	= Común/Common	ESA	= U.S. Endangered Species Act–Endangered	[†]	= Común donde no es cazado/ Common where not hunted
U	= No común/Uncommon			[††]	= Distribución en manchas/ Patchy distribution
R	= Raro/Rare	IUCNv	= IUCN Red List–Vulnerable		
CITES I	= CITES–Appendix I	IUCNe	= IUCN Red List–Endangered	[†††]	= Común localmente/ Common locally
CITES II	= CITES–Appendix II	IUCNc	= IUCN Red List–Critically Endangered		

MAMÍFEROS GRANDES/LARGE MAMMALS	
Especie/Species	**Nombre común/Common name**
Myrmecophagidae	
040　*Cyclopes didactylus*	oso oro/silky or pygmy anteater
041　*Myrmecophaga tridactyla*	oso bandera/giant anteater
042　*Tamandua tetradactyla*	oso hormiguero/southern tamandua
Dasypodidae	
043　*Cabassous unicinctus*	tatú/southern naked-tailed armadillo
044　*Dasypus novemcinctus*	tatú/nine-banded long-nosed armadillo
045　*Dasypus kappleri*	tatú 15 kilos/great long-nosed armadillo
046　*Priodontes maximus*	pejichi/giant armadillo

LEYENDA/LEGEND　　**Abundancia local estimada/Estimated local abundance**

A	= Abundante/Abundant	R	= Raro/Rare
M	= Más común/More common	e	= Esperado pero no registrado/
C	= Común/Common		Expected but not registered
L	= Poco común/Less common		during the inventory

Mamíferos Grandes /
Large Mammals

	Número de observaciones por sitio / Number of records by site						Abundancia local / Local abundance	Estado general / General status
	Cotoca	Cotoca Road South	Pampa Arbolada	Santa Marta	Pampa de Blanca Flor	Pampas Abiertas		
040	1	0	0	0	0	0	?	?
041	0	0	0	0	0	0	e	CITES II
042	0	0	0	0	0	0	e	CITES II
043	0	0	0	0	0	0	e	R?
044	1	2	0	0	0	2	C	C
045	0	0	0	0	0	0	e	R o/or C ††
046	0	0	0	0	0	0	e	CITES I, ESA

Estado general/General status (Emmons 1997)

C	= Común/Common	ESA	= U.S. Endangered Species Act–Endangered	†	= Común donde no es cazado/ Common where not hunted
U	= No común/Uncommon				
R	= Raro/Rare	IUCNv	= IUCN Red List–Vulnerable	††	= Distribución en manches/ Patchy distribution
CITES I	= CITES–Appendix I	IUCNe	= IUCN Red List–Endangered		
CITES II	= CITES–Appendix II	IUCNc	= IUCN Red List–Critically Endangered	†††	= Común localmente/ Common locally

LITERATURA CITADA/LITERATURE CITED

Alverson, W. S., D. K. Moskovits, y/and I. C. Halm (eds.). 2003. Bolivia: Pando, Federico Román. Rapid Biological Inventories Report 06. Chicago: The Field Museum.

Cadle, J. E., y/and S. Reichle. 2002. Reptiles y Anfibios (páginas 39–41), Reptiles and Amphibians (pages 81–83), y/and Apéndice/Appendix 1 en/in W. S. Alverson, D. K. Moskovits, y/and J. M. Shopland (eds.). Bolivia: Pando, Río Tahuamanu. Rapid Biological Inventories Report 01, 2nd. ed. Chicago: The Field Museum.

Dixon, J. R., and P. Soini. 1986. The reptiles of the upper Amazon Basin, Iquitos region, Peru. Part 1, Lizards and amphisbaenians. Part 2, Crocodilians, turtles, and snakes. Milwaukee: Milwaukee Public Museum.

Duellman, W. E. 1978. The biology of an equatorial herpetofauna in Amazonian Ecuador. Misc. Publ. Mus. Nat. Hist., Univ. Kansas 65:1–352.

Duellman, W. E., and A. W. Salas. 1991. Annotated checklist of the amphibians and reptiles of Cuzco Amazonico, Peru. Occas. Pap. Mus. Nat. Hist., Univ. Kansas 143:1–13.

Emmons, L. H. 1997. Neotropical Rainforest Mammals: A Field Guide, 2nd. ed. Chicago: University of Chicago Press.

Foster, R., H. Beltrán, y/and W. S. Alverson. 2001. Flora y Vegetación (páginas 50–64), Flora and Vegetation (pages 124–137), y/and Apéndice/Appendix 1 en/in W. S. Alverson, L. O. Rodríguez, y/and D. K. Moskovits (eds.). Peru: Biabo Cordillera Azul. Rapid Biological Inventories Report 02. Chicago: The Field Museum.

Foster, R., J. Rojas G., N. Paniagua Z., W. S. Alverson, y/and G. Torrico P. 2002. Flora y Vegetación (páginas 33–39), Flora and Vegetation (pages 76–81), y/and Apéndice/Appendix 1 en/in W. S. Alverson, D. K. Moskovits, y/and J. M. Shopland (eds.). Bolivia: Pando, Río Tahuamanu. Rapid Biological Inventories Report 01, 2nd ed. Chicago: The Field Museum.

Killeen, T. J. 1998. Vegetation and Flora of Parque Nacional Noel Kempff Mercado (pages 61–85), Vegetación y Flora del Parque Nacional Noel Kempff Mercado (páginas 86–111), y/and Appendix/Apéndice 1 en/in T. J. Killeen y/and T. S. Schulenberg (eds.). A biological assessment of Parque Nacional Noel Kempff Mercado, Bolivia. RAP Working Papers 10. Washington, D.C.: Conservation International.

Morales, V. R., and R. W. McDiarmid. 1996. Annotated checklist of the amphibians and reptiles of Pakitza, Manu National Park Reserve Zone, with comments on the herpetofauna of Madre de Dios, Perú. Pages 503–521 in D. E. Wilson and A. Sandoval (eds.). Manu, The Biodiversity of Southeastern Peru. Washington, D.C.: Smithsonian Institution.

Rodríguez, L. B., and J. E. Cadle. 1990. A preliminary overview of the herpetofauna of Cocha Cashu, Manu National Park, Peru. Pages 410–425 in A. H. Gentry (ed.). Four Neotropical Rainforests. New Haven: Yale University Press.

Rodríguez, L. O., and W. E. Duellman. 1994. Guide to the Frogs of the Iquitos Region, Amazonian Peru. Lawrence: Natural History Museum, University of Kansas.

Zimmerman, B. L., and M. T. Rodrigues. 1990. Frogs, snakes, and lizards of the INPA-WWF Reserves near Manaus, Brazil. Pages 426–454 in A. H. Gentry (ed.). Four Neotropical Rainforests. New Haven: Yale University Press.

INFORMES ANTERIORES/PREVIOUS REPORTS

Alverson, W. S., D. K. Moskovits, y/and J. M. Shopland (eds.).
2000. Bolivia: Pando, Río Tahuamanu. Rapid Biological
Inventories Report 01. Chicago: The Field Museum.

Alverson, W. S., L. O. Rodríguez, y/and D. K. Moskovits (eds.).
2001. Perú: Biabo Cordillera Azul. Rapid Biological
Inventories Report 02. Chicago: The Field Museum.

Alverson, W. S., D. K. Moskovits, y/and J. M. Shopland (eds.).
2002. Bolivia: Pando, Río Tahuamanu. Rapid Biological
Inventories Report 01, 2nd ed. Chicago:
The Field Museum.

Pitman, N., D. K. Moskovits, W. S. Alverson, y/and R. Borman A.
(eds.). 2002. Ecuador: Serranías Cofán–Bermejo Sinangoe.
Rapid Biological Inventories 03. Chicago:
The Field Museum.

Stotz, D. F., E. J. Harris, D. K. Moskovits, Ken Hao, Yi Shaoling,
and G. W. Adelmann (eds.). 2003. China: Yunnan,
Southern Gaoligongshan. Rapid Biological Inventories
Report 04. Chicago: The Field Museum.

Alverson, W. S., D. K. Moskovits, y/and I. C. Halm (eds.). 2003.
Bolivia, Federico Román. Rapid Biological Inventories
Report 06. Chicago: The Field Museum.